中国地质大学(武汉)实验教学系列教材
中国地质大学(武汉)实验技术研究项目资助

基础力学实验指导书
JICHU LIXUE SHIYAN ZHIDAOSHU

李田军　欧阳辉　周小勇　郭嘉　编

图书在版编目(CIP)数据

基础力学实验指导书/李田军,欧阳辉,周小勇,郭嘉编.—武汉:中国地质大学出版社,2018.7
ISBN 978-7-5625-4307-7

Ⅰ.①基…
Ⅱ.①李…②欧阳…③周…④郭…
Ⅲ.①力学-实验-高等学校-教材
Ⅳ.①O3-33

中国版本图书馆 CIP 数据核字(2018)第 133128 号

基础力学实验指导书	李田军　欧阳辉　周小勇　郭嘉　编
责任编辑:徐润英	责任校对:周　旭

出版发行:中国地质大学出版社(武汉市洪山区鲁磨路388号)	邮政编码:430074
电　　话:(027)67883511　　　传　真:67883580	E-mail:cbb @ cug.edu.cn
经　　销:全国新华书店	http://cugp.cug.edu.cn
开本:787mm×1092mm 1/16	字数:120千字　　印张:4.50
版次:2018年7月第1版	印次:2018年7月第1次印刷
印刷:武汉籍缘印刷厂	印数:1—500册
ISBN 978-7-5625-4307-7	定价:25.00元

如有印装质量问题请与印刷厂联系调换

中国地质大学(武汉)实验教学系列教材编委会名单

主　　　任：刘勇胜

副　主　任：徐四平　殷坤龙

编委会成员：(按姓氏笔画排序)

　　　文国军　朱红涛　祁士华　毕克成　刘良辉
　　　阮一帆　肖建忠　陈　刚　张冬梅　吴　柯
　　　杨　喆　金　星　周　俊　章军锋　龚　健
　　　梁　志　董元兴　程永进　窦　斌　潘　雄

选题策划：

　　　毕克成　李国昌　张晓红　赵颖弘　王凤林

前 言

本书是依据《高等学校理工科非力学专业力学基础课程教学基本要求》,并结合国家相关实验标准及参编学校实验设备情况,总结了多年来实验课程的教学和改革经验,为高等学校工程类专业(非力学专业)编写而成。

基础力学系列课程是工科工程类专业重要的技术基础课程。力学实验是基础力学课程体系的重要组成部分,是重要的实践性教学环节,也是解决许多实际工程问题的重要方法。因此,基础力学实验有助于学生深入理解课程的理论内容,培养学生的创新意识和创新精神,提高学生解决实际问题的动手能力。

本书具有以下特色:①本书所述的基本名词、术语均以国家相关标准为依据,并结合教育部对基础力学课程教学的基本要求编排实验内容和实验方法。②将实验教学与实际工程接轨,强化应力应变测试技术及光弹技术。对电测法的基本原理和方法进行了介绍,尽量让学生掌握实际工程中进行应变测试的初步知识和技能。③在叙述金属材料拉压实验的基础上,还介绍了岩石材料的压缩实验,帮助学生掌握实际工程中测试岩土类材料力学性能的知识和技能。

全书实验由李田军和欧阳辉编写,全书插图由周小勇绘制提供,附录中实验报告由郭嘉编写。全书由李田军最终统稿。

在本书的编写过程中,参阅了众多国内外公开出版发行及网上的相关资料,有些已在参考文献中列出,有些没有列出,特此说明,并向原作者表示衷心感谢!

限于编者的水平,书中难免有疏漏和不妥之处,敬请专家、学者批评指正。

编 者

2018 年 5 月

目　录

第一章　绪　论 (1)
　　一、基础力学实验的任务和内容 (1)
　　二、实验方案 (2)
　　三、实验报告 (2)

第二章　材料拉伸实验 (4)
　　一、实验目的 (4)
　　二、实验设备和试件 (4)
　　三、实验原理 (6)
　　四、实验步骤 (8)
　　五、实验注意事项 (9)
　　六、实验思考 (9)

第三章　材料压缩实验 (10)
　　一、实验目的 (10)
　　二、实验设备和试件 (10)
　　三、实验原理 (11)
　　四、实验步骤 (12)
　　五、实验注意事项 (12)
　　六、实验思考 (12)

第四章　扭转实验 (14)
　　一、实验目的 (14)
　　二、实验设备和试件 (14)
　　三、实验原理 (16)
　　四、实验步骤 (17)
　　五、实验注意事项 (18)
　　六、实验思考 (18)

第五章　梁弯曲正应力实验 (19)
　　一、实验目的 (19)
　　二、实验设备和试件 (19)
　　三、实验原理 (20)
　　四、实验步骤 (20)
　　五、实验注意事项 (21)
　　六、实验思考 (21)

第六章　弯扭组合变形实验 (22)
　　一、实验目的 (22)

二、实验设备……………………………………………………………………………(22)
　　三、实验原理……………………………………………………………………………(23)
　　四、实验步骤……………………………………………………………………………(24)
　　五、实验结果的处理……………………………………………………………………(25)
　　六、实验思考……………………………………………………………………………(25)
第七章　压杆稳定实验……………………………………………………………………(26)
　　一、实验目的……………………………………………………………………………(26)
　　二、实验设备……………………………………………………………………………(26)
　　三、实验原理……………………………………………………………………………(26)
　　四、实验步骤……………………………………………………………………………(28)
　　五、实验结果的处理……………………………………………………………………(28)
　　六、实验思考……………………………………………………………………………(28)
第八章　光弹性实验………………………………………………………………………(29)
　　一、实验目的……………………………………………………………………………(29)
　　二、实验设备和仪器……………………………………………………………………(29)
　　三、实验原理……………………………………………………………………………(30)
　　四、实验步骤……………………………………………………………………………(32)
　　五、实验注意事项………………………………………………………………………(33)
　　六、实验思考……………………………………………………………………………(33)
第九章　岩石单轴压缩实验………………………………………………………………(35)
　　一、实验目的……………………………………………………………………………(35)
　　二、实验设备、仪器和材料……………………………………………………………(35)
　　三、试件的规格、加工精度、数量及含水状态………………………………………(35)
　　四、电阻应变片的粘贴…………………………………………………………………(36)
　　五、实验步骤……………………………………………………………………………(36)
　　六、实验结果整理………………………………………………………………………(37)
　　七、实验报告要求………………………………………………………………………(38)
　　八、实验思考……………………………………………………………………………(39)

参考文献……………………………………………………………………………………(40)
附　录………………………………………………………………………………………(41)
　　附录一　测量电桥的工作原理与接线法………………………………………………(41)
　　附录二　拉伸实验报告…………………………………………………………………(49)
　　附录三　压缩实验报告…………………………………………………………………(51)
　　附录四　扭转实验报告…………………………………………………………………(53)
　　附录五　梁弯曲正应力实验报告………………………………………………………(55)
　　附录六　弯扭组合变形实验报告………………………………………………………(57)
　　附录七　压杆稳定实验报告……………………………………………………………(61)
　　附录八　光弹性实验报告………………………………………………………………(63)

第一章 绪 论

一、基础力学实验的任务和内容

（一）基础力学实验的任务

基础力学实验是加强工科基础力学实践性教学的主要手段。通过实验帮助学生加强理解和验证课堂教学中的基本理论，掌握测定工程材料的力学性能、构件应力的基本原理和常见设备的操作方法。培养学生正确分析和处理实验结果、撰写实验报告的能力，树立实事求是、理论联系实际的科学作风，以及严肃认真的工作秩序，为从事工程实验奠定初步的基础。

（二）基础力学实验的内容

1. 材料的力学性能实验

材料的力学性能实验，主要测定工程材料本身的力学属性，一般包括拉伸、压缩、硬度、冲击、疲劳、扭转实验等。这些实验直接为科研或设计提供构件强度的依据。

在企业中，用材料的力学性能实验检验或复查材料出厂或入厂的力学性能是否符合规定的质量标准。

2. 验证理论的实验

将实际问题抽象成理想的模型，根据假设条件推导出一般公式，再指导实践，这是科学研究的一般方法。但是以上抽象和假设是否正确、公式能不能应用，都需要通过实验反复验证、修改才能使科研成果得到完善，获得实际应用的价值。所以，验证理论的实验是科学研究的必要手段。可以说，没有验证理论的实验就没有科学研究。例如，材料力学课程中直梁弯曲正应力实验的主要目的，就是验证弯曲正应力沿梁高度方向的分布规律。

3. 实验应力分析

工程中如飞机、导弹、卫星等结构，以及齿轮、曲轴等构件形状相当复杂，工作环境和载荷情况又十分恶劣并经常发生变化，所以在解决它们的强度、刚度、稳定性问题时，仅仅依靠理论计算难以得到满意的结果，有时理论计算甚至是无法实现的。实验应力分析就是用实验的方法解决应力分析中的问题，从而弥补理论分析中的不足。实验应力分析方法不仅可以测量得到各种复杂结构或构件在各种环境中、多种载荷条件下每个部位的应力值，而且可以测量得到应力分布规律。

目前，工程中应用最广泛的是电测应力分析方法。近年来光测力学发展很快，目前产生的贴片光弹性法、全息光弹法、散斑干涉法、云纹法等，均广泛应用于航天、航空、机械、电子、工程建筑等领域。

在弹塑性力学课程中，把光弹试验当作实验应力分析的一个实例，要求学生能够掌握。

二、实验方案

为了满足实验要求，提高实验效益，实验人员要根据实验任务和有关标准，参考有关资料设计制定的实验工作程序，叫做实验方案。实验方案包括实验目的、选用的设备和工具、试件及对它的要求、实验原理、实验方法、注意事项等。

实验方案质量的好坏，一方面涉及到实验工作消耗资源（人、财、物、经费、时间）的多少，另一方面直接关系到实验结果的成败，如选用 10t 的万能材料试验机鉴定直径 2mm 的冷拉 Q215 钢丝的力学性能，显然是不妥当的。为了提高实验结果的可靠性，常常采用分级增量加载，使测量结果趋于稳定。在复杂应力状态下进行实验时，必须在应力、应变状态理论指导下导出分析公式，仔细斟酌粘贴电阻应变片的方位。诸如此类问题，都应在实验方案中设计周全。因此，正确、合理地设计实验方案，是科学工作者和工程师的必备技能。

本书中的每项实验都推荐了比较成熟的实验方案。为了帮助学生对课程的深入理解，对实验报告提出了相应要求。当然，这些方案并非尽善尽美，目的在于鼓励学生开动脑筋，推陈出新，设计制定出更多、更完善的实验方案。

三、实验报告

实验报告包括实验名称、目的、实验条件、设备、实验数据、实验结论、委托做实验的单位和参加实验的人员等内容。它是实验工作的成果，为产品鉴定、科研设计提供依据。因此，撰写实验报告应当忠实于实验数据，内容应当完整。报告的结论要准确、可靠。实验人员对于委托实验单位既要承担技术责任，还要负有法律责任。其主要内容和注意事项分述如下。

（一）实验数据

实验数据是在实验过程中从设备或仪器上视读的结果，不可人为地臆造和弄虚作假。视读前要认清仪器的示值、单位、精度。视读时要正确读出有效数字并记录在准备好的表格中。特殊情况时，实验人员需要按委托要求自行设计记录表格，以备记载实验数据。记录表格要完整、简明、便于应用。

（二）实验结论

实验结论是指在实验条件下，针对有效的全部实验数据，经过处理、计算得到的综合结果。在计算分析中要充分考虑到实验方案的各个环节，以及所有的异常现象，经过分析、判断给出准确、简明的结论。

（三）实验曲线

为了直观地反映实验参数间的彼此关系，揭示物理量间的普遍规律，往往需要把实验数据用图像表示出来，称为实验曲线。

绘制实验曲线，首先要根据实验内容，明确实验参数间的因果关系。其次根据实验数据容量的多少和数值，选择适当的比例，确定坐标，再把经过处理的实验数据相应的点标在坐标纸上，连成曲线。

为了便于比较，有时把不同实验条件下得到的同类参数用相异记号如 △、×、○、+ 标在同一坐标系中。把相同的记号，按总体取中的原则，将各点连成光滑曲线 [图 1-1 (a)]。把曲线各点连成折线是错误的，因为它从总体上背离了参数间连续变化的规律 [图 1-1 (b)]。

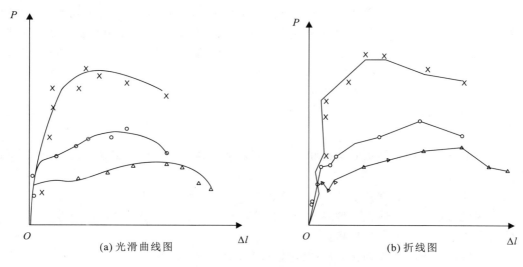

图 1-1　实验数据曲线图

（四）讨 论

在实验报告中，有时应对实验工作进行讨论。讨论要采用科学理论，围绕实验结论的正确性进行详细分析和论证，如关于数据处理、实验分析方法的应用、误差情况、结论成立条件，以及有关注意事项提出的理由等，均应在讨论中阐述清楚。

对于新的项目，在实验报告的讨论中，还要对本次实验方案、实施、理论分析中的优缺点予以评论，作为今后工作的借鉴。

总之，实验报告的讨论部分，是对实验工作的深化、完善和发展。

第二章　材料拉伸实验

材料拉伸实验是材料力学课程的基本实验,也是工程材料质量检验的常规实验,测定的相关指标可用于质量检验、材质评定和进行强度、刚度计算,应用十分广泛。实验是按照《金属材料室温拉伸实验方法》(GB/T 228—2010)进行的,要求实验温度为 (20±5)℃,加载应变速率为 0.000 25～0.002 5s^{-1}。

一、实验目的

(1) 了解电子万能试验机的构造和工作原理,掌握其在材料拉伸实验中的操作规程和使用中的注意事项。

(2) 观察低碳钢、铸铁在拉伸实验中的各种现象,并绘制拉伸图。

(3) 测量低碳钢、铸铁在拉伸时的力学性能指标,如屈服极限、强度极限等强度指标和断后伸长率、断面收缩率等变形指标。

(4) 观察低碳钢在拉伸强化阶段的卸载规律及冷作硬化现象。

(5) 了解塑性材料(低碳钢)和脆性材料(铸铁)的破坏特点与性能差异。

二、实验设备和试件

1. 实验设备

电子万能试验机是综合了电测技术、计算机技术和数字控制技术的新型机械式万能试验机,可以进行金属材料、非金属材料、复合材料的拉伸、压缩、弯曲、剪切和扭转等实验。

电子万能试验机由主机、附件和测控系统组成。主机的结构组成主要有负荷机架、传动系统、夹持系统和位置保护装置等,如图 2-1 所示。

负荷机架是由四根立柱支承上横梁与工作台面构成的门式框架,两根丝杠穿过活动横梁两端并安装在上横梁和工作台面之间。工作台面四脚支承在底板上,机械传动减速器也固定在工作台面上。工作时,伺服电机驱动机械传动减速器,带动丝杠传动,驱使活动横梁上、下移动。活动横梁下降时,上部空间为拉伸区,下部空间为压缩与弯曲区。

传动系统由数字式脉宽调制直流伺服系统、减速装置和传动带轮组成。执行元件采用永磁直流伺服电动机,其特点是响应快,而且具有高转矩和良好的低速性能。由与电动机同步的高性能光电编码器作为位置反馈元件,从而使活动横梁获得准确而稳定的试验速度。

2. 拉伸实验的试件

拉伸实验的试件由平行长度(工作部分)、过渡部分和夹持部分组成,按照《金属材料室温拉伸实验方法》(GB/T 228—2010)的规定加工成标准试件。根据金属制品的品种、规格及实验目的的不同,试件横截面分为圆形、矩形或其他异形,其中以圆形及矩形截面试件最常用。这两种试件的形状及表面粗糙度如图 2-2 (a) 圆形试件及图 2-2 (b) 矩形试件

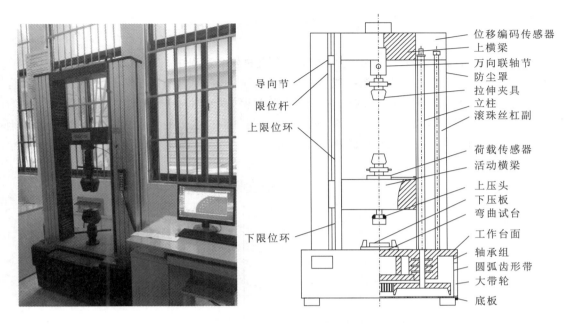

图 2-1 电子万能试验机主机结构实物图与示意图

所示，图中 l_c 为平行部分长度，l_0 为标距长度。

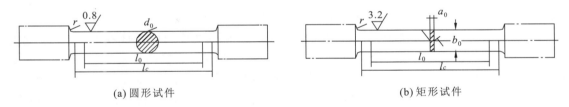

(a) 圆形试件   (b) 矩形试件

图 2-2 拉伸实验试件示意图

根据拉伸试件标距长度 l_0 与横截面积 A_0 之间的关系，可分为比例标距试件和定标距试件两种。比例标距试件要求原始标距与原始横截面的关系满足公式 $l_0 = k\sqrt{A_0}$，比例系数 k 按规定取值 5.65，原始标距 l_0 要求不小于 15mm。定标距试件的原始标距 l_0 与原始横截面积 A_0 之间不存在上述比例关系。一般建议采用 $k=11.3$ 的非比例短试件。因此，在金属材料拉伸实验中采用的试件一般有以下两种形式：10 倍试件要求圆形截面 $l_0 = 10d_0$ 或矩形截面 $l_0 = 11.3\sqrt{A_0}$；5 倍试件要求圆形截面 $l_0 = 5d_0$ 或矩形截面 $l_0 = 5.65\sqrt{A_0}$。

试件测量时应要求圆形试件横截面的直径或矩形试件横截面的厚度及宽度在标距的两端及中间处分别进行测量。选用三处测量的最小值计算拉伸性能指标。但是，表面有显著横向刀痕或磨痕、机械损伤、明显淬火变形或裂纹以及肉眼可见的冶金缺陷的试件，均不允许用于实验。

三、实验原理

进行拉伸实验时，试件从开始受力到破坏为止的整个过程中，其受力变形特征以及各阶段变形量 Δl 与拉力 P 之间的关系曲线可由拉伸图反映出来。为消除试件尺寸的影响，常将拉伸图的纵坐标（拉力 P）除以试件的原始横截面积 A，横坐标（变形量 Δl）除以试件的原始标距 l_0，得到与试件尺寸无关的横截面应力 σ 与轴向应变 ε 的关系曲线图。对于低碳钢试件，拉伸图和应力-应变曲线图如图 2-3 所示。

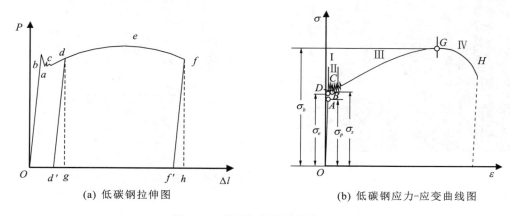

(a) 低碳钢拉伸图 (b) 低碳钢应力-应变曲线图

图 2-3 低碳钢拉伸实验曲线图

由图可见，低碳钢材料的拉伸实验过程可分为以下四个阶段：

（1）弹性阶段。在载荷 P 不大的情况下，变形 Δl 随其所受的拉力 P 成正比增加，这时的拉伸图为一斜直线。这个阶段内应力与应变也是线性关系，遵循胡克定律 $\sigma = E \cdot \varepsilon$，故称 OA 段为线性弹性阶段 [图 2-3（b）]。根据测算该阶段的直线斜率即可测定材料的弹性模量 E，弹性模量是衡量材料弹性性质优劣的重要指标之一。该阶段的极限应力（A 点应力）称为比例极限 σ_p。若继续加载达到 D 点时，虽然应力与应变不再是线性关系，但变形仍然是弹性的，即在卸除荷载后变形完全消失，呈现出非线性弹性性质，D 点对应的应力称为弹性极限 σ_e。

（2）屈服阶段。过了弹性阶段，载荷 P 继续增加时，材料似乎突然间暂时失去了抵抗变形的能力，在磨光试件表面可看到与试件轴线大约成 $45°$ 倾角的迹线，上述迹线是材料沿该截面产生滑移所造成的，称为滑移线，这就是屈服或流动现象。相应的拉伸图为一锯齿形曲线，表明载荷 P 不再增加甚至减少，此时变形 Δl 却在继续增大。这时的最小载荷即为屈服载荷 P_s，相应点 B 的应力称为屈服应力或屈服极限 σ_s。材料屈服表现为显著的塑性变形，而构件的塑性变形将影响到结构的正常工作，工程上将这个现象称为屈服失效，所以屈服极限是衡量材料强度的重要指标。

（3）强化阶段。过了屈服阶段以后，由于材料内部晶体组织结构重新调整，其抵抗变形的能力有所加强，试件承载能力增大，表明要使试件继续变形必须增加作用力。这种现象称为材料的强化，这一阶段称为强化阶段。此时，变形与力已不成正比关系，具有非线性的变形特征。当拉力增加到拉伸曲线的最高点时，测力盘上从动指针的载荷值为最大载荷 P_b，

对应点 G 的应力称为强度极限 σ_b。强度极限也是衡量材料强度性能优劣的一个重要指标。

如图 2-3（a）所示，若在强化阶段的某一 d 点卸载，拉伸曲线会沿着与原弹性阶段相平行的斜直线 dd' 回到 d' 点，弹性变形部分 $d'g$ 被恢复，只残留塑性变形部分 Od'，即塑性应变。这一现象称为卸载定律。卸载后若重新加载，曲线仍会沿着卸载线上升，与开始卸载点 d 汇合，然后继续上升直至作用荷载最大的 e 点。说明材料经过卸载再加载后，弹性变形阶段升高了，塑性变形的范围缩小了，这一现象称为材料的冷作硬化。工程上利用这一特点进行冷加工，例如冷轧钢板或冷拔钢丝，以提高产品在弹性范围内的承载能力，但降低了抵抗塑性变形的能力。

（4）局部变形阶段。当载荷 P 达到最大以后，试件某一局部迅速伸长，同时横截面尺寸急剧减小，形成颈缩现象。颈缩时，试件的变形主要集中在该处附近，形成局部变形。由于颈缩部分横截面面积迅速减小，拉伸试件所需的载荷也随之减少，测力指针开始倒退，但该截面上的应力迅速增大，直至试件被拉断。

试件被拉断后，弹性变形消失，而塑性变形保留下来。测出断后标距 l_1 及断口颈缩处直径 d_1，通过计算便可得到表征材料塑性变形大小的断后伸长率 δ 和断面收缩率 ψ，其计算公式为：

断后伸长率 $\quad \delta = \dfrac{l_1 - l_0}{l_0} \times 100\%$ \hfill (2-1)

断面收缩率 $\quad \psi = \dfrac{A_0 - A_1}{A_0} \times 100\%$ \hfill (2-2)

如果拉断处到邻近的标距点距离小于 $l_0/3$，可以使用位移法计算断后伸长率。设实验前将原始标距（l_0）细分为 N 等分，实验后，以符号 X 表示断裂后试件短段的标距标记，以符号 Y 表示断裂试件长段的一个等分标记，此标记至断裂处的距离最接近于断裂处至标距标记 X 的距离（图 2-4）。

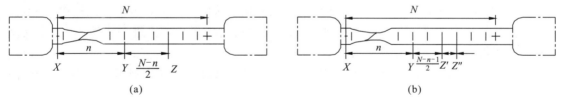

图 2-4 标记方法的图示说明

设 X 与 Y 之间的分格数为 n，则

1）如 $(N-n)$ 为偶数 [图 2-4（a）]，从 Y 至距离为 $\dfrac{1}{2}(N-n)$ 个分格位置取 Z 标记，测量 X 与 Y 之间的距离和 Y 与 Z 之间的距离，可计算断后伸长率为

$$\delta = \dfrac{XY + 2YZ - l_0}{l_0} \times 100\%$$

2）如 $(N-n)$ 为奇数 [图 2-4（b）]，从 Y 至距离分别为 $\dfrac{1}{2}(N-n-1)$ 和 $\dfrac{1}{2}(N-n+1)$ 个分格位置取 Z' 和 Z'' 标记，分别测量 X 与 Y、Y 与 Z' 和 Z'' 之间的距离，可计算断后伸长率为

$$\delta = \frac{XY+YZ'+YZ''-l_0}{2} \times 100\%$$

铸铁试件在拉伸实验时，同样可以利用试验机装置绘制出铸铁的拉伸图，并得到应力-应变曲线图（图 2-5）。

实验表明，铸铁试件拉伸时没有屈服和颈缩现象，无明显直线部分，即使在较低的载荷下也是如此，一旦达到最大载荷时，试件就突然断裂，断口平齐粗糙，而且塑性变形也很小，是一种典型的脆性破坏特征。铸铁试件在被拉断时的最大载荷对应点的应力即为其强度极限 σ_b，是衡量脆性材料强度的唯一指标。

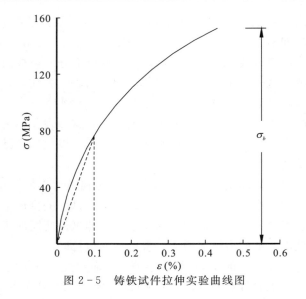

图 2-5　铸铁试件拉伸实验曲线图

四、实验步骤

（1）测量试件尺寸。在拉伸试件两端划细线标识标距范围，用游标卡尺量取标距长度 l_0。在实验段范围内用游标卡尺分别测量标距两端及中间三处截面的直径，每个截面在互相垂直方向各测量 1 次，取其平均值。用三处截面平均直径的最小值来计算试件横截面面积 A。

（2）开机：试验机→计算机→打印机。打开电脑显示器电源、控制器电源、主机电源；鼠标点击 MaterialTest.exe 图标，进入联机参数界面，选定传感器，点击联机按钮，进入试验运行界面。注意：每次开机后要预热 5min，待系统稳定后，才可进一步使用。如果刚刚关机，需要再开机，间隔时间不能少于 1min。

（3）安装夹具。点击手控盒上下按键，上下移动至合适位置，根据试件头部选择适当夹具。

（4）设定实验方案。点击实验部分里的新实验，选择相应的实验方案，输入试件的原始用户参数如尺寸等，多根试件直接按回车键生成新记录。

（5）安装试件。先将试件夹在接近力传感器一端的夹头上，传感器初始值清零消除试件自重后，再夹持试件的另一端，并使试件安装牢固且垂直。根据试件的长度及夹具的间距设置好限位装置。（如需要测定变形则安装引伸计）。

（6）实验加载。执行清零操作，卸力完成后对位移变形清零。点击开始实验按钮，开始实验，实验结束自动停止。

（7）取下断裂试件，观察断口形状。

（8）安装下一根试件，重复步骤（5）～（7），直到所有试件全部实验结束。

（9）实验完成后，点击"生成报告"按钮，将生成实验报告，打印实验报告。

（10）依次关闭软件、试验机电源、电脑，再切断总电源。

(11) 清理实验现场。

五、实验注意事项

(1) 安装拉伸试件时,夹头夹持的部分不能过短,方向须铅垂于台面,要防止偏斜。

(2) 勿使不同材料的试件混淆。若安装有引伸仪,当试件达到规定载荷后,必须马上取下引伸仪,防止变形超过引伸仪量程。

(3) 未经实验指导教师同意,不得启动机器;实验时,若出现异常情况或发生故障,应立即停机。

六、实验思考

(1) 为什么要在安装试件后进行清零?

(2) 拉伸实验中为何采用标准试件或比例试件?材料和直径相同而长度不同的试件的伸长率是否相同?

(3) 对于铸铁试件,在较低的载荷下,应力与应变的关系表现为非线性,即应力-应变曲线图无明显直线部分。如何测定材料的弹性模量?

第三章 材料压缩实验

材料压缩实验也是材料力学性能检测的基本实验,尤其是脆性材料的压缩实验,与塑性材料的拉伸实验一样重要,应用十分广泛。由于受加载的偏心、摩擦约束等因素影响,使端面附近的材料处于三向受压应力状态,短试件很难获得均布的横截面单向压应力区。因此,压缩实验有两个值得注意的问题:一是对高径比有一定的要求;二是对两端面的平行度有一定的要求。

一、实验目的

(1) 了解电子万能试验机的构造和工作原理,掌握其在材料压缩实验中的操作规程和使用中的注意事项。
(2) 观察低碳钢、铸铁压缩过程中的各种现象并绘制压缩曲线图。
(3) 测量低碳钢、铸铁压缩时的力学性能。
(4) 观察低碳钢的压缩变形和铸铁的压缩破坏现象。

二、实验设备和试件

材料压缩实验也可使用电子万能材料试验机进行,其构造及原理参见第二章。

根据圣维南原理,要想获得均布应力区,试件长度与横向尺寸之比至少应大于 2 倍。但试件过长容易发生"失稳",给压缩实验增加了新的困难。金属压缩破坏实验采用的试件是按照《金属材料 室温压缩实验方法》(GB 7314—2017)进行,一般为柱状,横截面分为圆形和方形两种(图 3-1)。短圆柱形试件直径 $d=10\sim20\text{mm}$,方形试件边长 $b=10\sim20\text{mm}$,其高度与直径或边长之比为 $h/d=1\sim3$,要求两端面很光滑。另外,两端面相互平行,其平行度要求 100mm 长度内小于 0.01mm,且端面与轴线垂直,以保证试件实验时能够轴向受压,同时要有良好的稳定性。

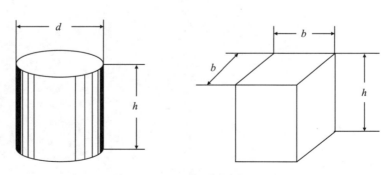

图 3-1 材料压缩实验试件示意图

三、实验原理

进行压缩实验时,实验所得压力与压缩变形即 $P-\Delta l$ 曲线,称为压缩图。为消除试件尺寸的影响,与拉伸实验一样,可将压缩图的纵坐标(压力 P)除以试件的横截面积 A,横坐标(变形量 Δl)除以试件的原始标距 l_0,得到和试件尺寸无关的横截面应力 σ 与轴向应变 ε 曲线图。

低碳钢试件在压缩过程中会产生很大的横向变形,但由于受到端面的摩擦约束,试件出现显著的鼓胀变形现象(图 3-2)。为了减小这种效应影响,通常将试件两端面进行平整光滑处理,必要时在实验时还可以在两端面涂上润滑剂,以最大限度地减少摩擦影响。从压缩曲线图(图 3-3)可以看出,低碳钢在受压时的弹性极限、弹性模量和屈服极限与拉伸时是相同的。但由于塑性变形的不断增长,试件越压越扁,横截面积不断增大,其抗压能力随之逐渐提高,故无法测得最大载荷 P_b。此外,低碳钢在压缩过程中达到屈服阶段时不像拉伸实验那么明显,因此确定屈服载荷 P_s 要仔细观察,有时需借助拉伸图来判断 P_s 的大小。

图 3-2 低碳钢试件压缩实验效果图

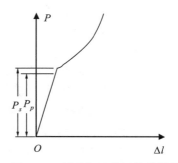

图 3-3 低碳钢试件压缩曲线图

铸铁试件压缩时,在较小变形的情况下,压缩曲线呈现出上凸的特性,压缩曲线图(图 3-4)上没有明显的直线段,无屈服现象,压缩载荷较快达到最大值 P_b 而使试件突然破裂。试件破裂后,其断面与轴线成 35°～55°倾角(图 3-5)。这是由于铸铁的抗剪强度远低于抗压强度。值得一提的是,虽然铸铁是典型的脆性材料,但在破坏前仍有较大的塑性变形,这是由于端面摩擦因素产生三向应力作用的效应。

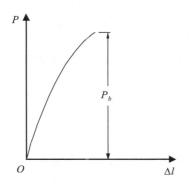

图 3-4 铸铁试件压缩曲线图

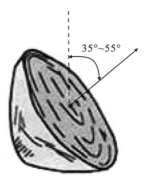

图 3-5 铸铁试件压缩实验效果图

四、实验步骤

（1）测量试件尺寸。用游标卡尺测量试件中间两个互相垂直方向上的直径，取平均直径来计算试件横截面面积 A。

（2）开机：试验机→计算机→打印机。打开电脑显示器电源、控制器电源、主机电源；鼠标点击 MaterialTest.exe 图标，进入联机参数界面，选定传感器，点击联机按钮，进入试验运行界面。注意：每次开机后要预热 5min，待系统稳定后，才可进一步使用。如果刚刚关机需要再开机，间隔时间不能少于 1min。

（3）在实验项目里面选择要做的实验方案，更改要保存的数据库文件名称。

（4）点击"实验方案"，根据要做实验的执行标准设置实验方案。在用户参数编辑区域内输入已经测量的试件的各种参数。

（5）调整横梁到适当的位置，选用与试件匹配的压头，并正确安装在对应的压头正中，调整好下限位挡圈的位置。

（6）设置好上限位挡圈的位置，确保横梁在安全的行程内移动。

（7）把试件放在上下压头之间，调整横梁的位置，让上压头和试件之间的距离接近零，然后点击清零键。

（8）点击运行按钮，开始自动实验。

（9）观察实验过程。（实验人员不要随便进入实验空间或离开实验场，以避免意外事故。）

（10）等试件断裂后上升横梁，取下试件。

（11）如还有试件，重复步骤（5）～（10）。

（12）实验完成后，点击结果按钮，进入结果界面查看实验结果，然后点击保存，最后点击报告预览，打印试验报告。

（13）出报告，点击报告预览，选择报告模板，生成报告，打印报告即可。

（14）实验完毕，依次关闭软件、试验机电源、电脑，再切断总电源。

（15）清理实验现场。

五、实验注意事项

（1）试件安装要正确，防止偏斜或不在垫板中心。

（2）在铸铁试件压缩时，注意要在其周围加防护罩，以免试件破裂时碎片飞出伤人。

（3）未经实验指导教师同意，不得启动机器；实验时，若出现异常情况或发生故障，应立即停机。

六、实验思考

（1）分别比较低碳钢和铸铁在拉伸与压缩时的力学性质和破坏形式，结合理论说明它们在工程上的适用范围。

（2）为什么铸铁在压缩破坏时是沿着与轴线大致成 35° 的斜截面？

(3) 为什么不能测到低碳钢的压缩强度极限？为什么说它是拉压等强度材料？

(4) 铸铁试件破裂后也呈鼓形，说明有塑性变形产生，可它是脆性材料，为什么会有塑性变形呢？

第四章 扭转实验

圆轴承受扭转时，材料处于纯剪切状态，常用扭转实验来研究不同材料剪切的力学性能，测量剪切弹性模量，观察分析典型金属材料扭转破坏的现象。工程中，以扭转为主要变形的轴类构件很多。为合理设计这类构件，在材料力学课程中的扭转及有关章节里，已建立了解决其强度、刚度的基本理论。通过扭转实验，可帮助学生加深对扭转变形基本理论的理解，并了解测量材料剪切屈服极限和剪切强度极限的方法。

一、实验目的

(1) 了解扭转试验机的构造和工作原理，掌握其操作规程和使用中的注意事项。
(2) 验证剪切虎克定律，测定金属材料的剪切弹性模量 G。
(3) 观察低碳钢扭转时的变形现象，测定其扭转屈服极限 τ_s 和扭转强度极限 τ_b。
(4) 测定铸铁的扭转强度极限 τ_b。
(5) 观察低碳钢、铸铁受扭时的破坏现象。

二、实验设备和试件

1. 扭转试验机

扭转试验机是一种可对试件施加扭矩并能指示出扭矩大小的机器，主要由加载机构、测力机构、记录装置三部分组成。

(1) 加载机构。主要加载机构安装在机座的滑板上，借助其下部的 6 个滚珠轴承，用手推动可沿机座纵向自由滑动。调整主动夹头和被动夹头间的距离，可以安装不同长度的试件。加载机构上部装有直流电动机。电动机工作，带动主动夹头旋转，给试件施加扭矩。加载速度由主动夹头的转速来控制。当电动机旋转时，通过变速箱实现了主动夹头在 0～36°/min 或 0～360°/min 两挡内的无级调速，由操纵台上速度表显示出来（图 4-1）。当扭矩 $T \leqslant 500\text{N}\cdot\text{m}$ 时，最高加载转速可达 360°/min；当扭矩 $T=1000\text{N}\cdot\text{m}$ 时，加载最高转速不能超过 120°/min。

(2) 测力机构。测力机构主要由杠杆系统、游砣、度盘及控制系统组成，其结构原理如图 4-2 所示。

试验机工作时由被动夹头传来的扭矩，经杠杆传给反向杠杆，变支点杠杆和拉杆拉动平衡杠杆右端上翘，推动差动变压器工作，发出信号。该信号经放大器放大，使伺服电机转动。由钢丝带动游砣向右移动。于是，游砣依靠自重对平衡杠杆支点产生的力矩和拉杆上的拉力对同一支点的力矩重新平衡，使平衡杠杆恢复水平位置，差动变压器终止发出信号，伺服电机停止工作。

第四章　扭转实验

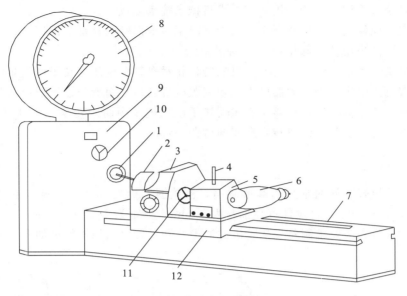

图 4-1　扭转试验机

1—被动夹头；2—主动夹头；3—齿轮箱；4—离合器杆；5—变速箱；6—电动机；7—滑板；
8—测力度盘；9—测力机构箱；10—两件轮；11—手轮；12—活动车头

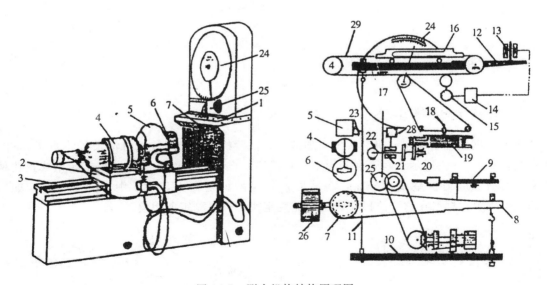

图 4-2　测力机构结构原理图

1—操纵台；2—溜板；3—导轨；4—电机；5—减速箱；6—主动夹头；7—被动夹头；8—杠杆；9—反向杠杆；10—变支点杠杆；11—拉杆；12—平衡杠杆；13—差动变压器；14—放大器；15、22—伺服电机；16—游砣；17—绳轮；18—记录笔；19—记录滚筒；20—齿轮；21—自整角变压器；23—自整角发送机；24—测力度盘；25—量程选择旋钮；26、27—平衡锤；28—放大器；29—钢丝

游砣移动时，绳轮带动指针在度盘上示出平衡力矩，也就是施加至试件上的扭矩，从而实现了测力的功能。

（3）记录装置。记录装置采用电控，由机械系统来完成。

试件受扭，绳轮转动，钢丝绳带动记录笔沿记录滚筒轴向移动。滚筒旋转时它们的合成运动便描绘出试件角位移 φ 和扭矩 T 的关系曲线。

加载时电机转动，带动自整角发送机旋转，相对自整角变压器转子产生角度差，因此自整角变压器有电压输出，经放大器放大，使伺服电机与自整角变压器转子携同转动。当它与自整角发送机角度差消除后，自整角变压器转子以及记录圆筒的转角与主动夹头转角同步，实现了记录圆筒的转动与试件扭转变形间的协调一致。

2. 扭转试件

金属材料的扭转试件通常采用圆形截面，根据国家标准《金属材料 室温扭转试验方法》（GB/T 10128—2007），试件直径推荐为 10mm，标距为 100mm 和 50mm，其头部形状和尺寸可按试验机夹头要求制备。扭转试件的形状和尺寸以及加工精度如图 4-3 所示。

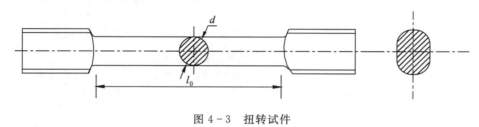

图 4-3 扭转试件

三、实验原理

1. 低碳钢扭转实验

将低碳钢试件装在扭转机夹头上，加载后，试验机自动绘图装置可记录试件的 T-φ 关系曲线，如图 4-4 所示。在弹性变形 OA 直线段，试件横截面上的扭矩与扭转角成正比例关系，其剪切应力也呈线性分布，在截面最外缘的剪切应力最大，中心几乎为零，如图 4-5（a）所示。材料在这个阶段符合剪切虎克定律，可以测定剪切模量 G。

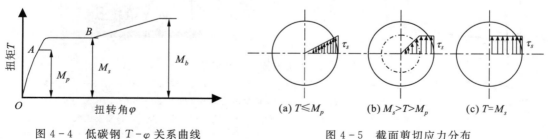

图 4-4 低碳钢 T-φ 关系曲线　　图 4-5 截面剪切应力分布

曲线 AB 段为屈服阶段，试件出现与拉伸材料屈服时的类似现象，测力主针停止不动或回摆，扭转角 φ 很快增大。该部分表明扭矩与扭转角之间不再是正比例关系，横截面上的剪切应力分布也不再是线性分布，塑性区由外向里扩展，形成环状塑性区和截面中部的弹性区，如图 4-5（b）所示。随着变形继续，塑性区不断向截面中心扩展，直至整个截面都成了塑性区，剪切应力分布趋于均匀，如图 4-5（c）所示。该阶段刻度盘主针回摆至最小值时，就是试件屈服扭矩 M_s。扭转屈服极限为

$$\tau_s = \frac{M_s}{W_p} \qquad (4-1)$$

式中：W_p——试件扭转截面系数（mm³），$W_p = \frac{\pi d^3}{16}$。

材料完全屈服后，继续增加扭矩，材料进一步强化。这阶段的变形非常显著，试件表面的纵向标志线会变成螺旋线。直至材料全部强化后，扭矩达到最大扭矩 M_b，试件被破坏，断口为平截面。扭转强度极限为

$$\tau_b = \frac{M_b}{W_p} \qquad (4-2)$$

2. 铸铁扭转实验

铸铁 $T\text{-}\varphi$ 曲线如图 4-6 所示，由开始受扭直至破坏，近似一直线。与低碳钢的扭转实验曲线相比，铸铁破坏前的塑性变形很小，破坏具有突然性，断口为翘曲面，约与轴线成 35°方向（图 4-7）。扭转强度极限为

$$\tau_b = \frac{M_b}{W_p} \qquad (4-3)$$

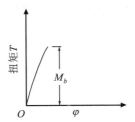

图 4-6　铸铁 $T\text{-}\varphi$ 曲线

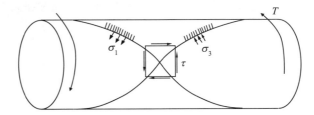

图 4-7　铸铁破坏示意图

四、实验步骤

（1）打开试验机动力电源，检查电压是否稳定。

（2）在试件标距内的中间和两端三处测量直径，每处在互相垂直方向各测一次，计算平均值，取其中最小值作为试件直径 d，计算扭转截面系数 W_p。

（3）根据材料性质与几何尺寸，估算所需最大扭矩，选择相应测矩度盘。调整好测矩指针，将指针对准零点及自动绘图装置。

（4）将试件两端装入试验机的夹头内，调整好绘图装置，将指针对准零点，并将测角度盘调整到零，准备进行实验。

（5）启动试验机，对试件进行缓慢、均匀、连续加载。对于低碳钢试件，达到屈服时，

记录下屈服扭矩 M_s，然后把试验机调成高速继续加载，加速试件破坏。破坏时记录下最大扭矩 M_b。对于铸铁试件，应一直用低转速加载，直至试件扭断，记录最大扭矩 M_b。

（6）取下试件，观察断口。比较低碳钢与铸铁试件的断口形状，并分析其原因。

（7）实验完成后，将设备、工具复原。

五、实验注意事项

（1）试件安装要正确，应先夹测力夹头即被动夹头，再夹主动夹头；试件要夹紧，以免受扭时打滑。

（2）在施加扭矩后，禁止再旋转量程选择旋钮。

（3）未经实验指导教师同意，不得启动机器；实验时，若出现异常情况或发生故障，应立即停机。

六、实验思考

（1）分别比较低碳钢和铸铁在扭转时的破坏断口形式，并结合理论分析其原因。

（2）铸铁在压缩破坏时和扭转破坏时的断口都是沿着与轴线大致成 45°的方向，其破坏机理是否相同？

（3）低碳钢的拉伸屈服极限和扭转屈服极限有何关系？

（4）根据低碳钢和铸铁材料在拉伸、压缩和扭转时的三种实验结果，分析两种材料的力学性能差异。

第五章 梁弯曲正应力实验

本章简要介绍弯曲正应力、弯扭组合变形和压杆稳定等几个应用电测法的常规力学实验。有关应变电测法和测量电桥的原理及接线方法可参见本书附录一的有关内容。

一、实验目的

（1）测定直梁纯弯曲时横截面上正应力分布规律；通过与理论结果的比较，验证弯曲正应力公式。

（2）了解电阻应变仪测量应变的原理和方法。

二、实验设备和试件

电测法的基本原理是将应变片粘贴在被测构件上，当构件变形时，电阻应变片的电阻值将发生相应的变化，利用电阻应变仪（简称应变仪）将电阻值的变化测定出来，再换算成应变值或者输出与此应变成正比的电压（或电流）信号，由记录仪记录下来，就可得到所测定的应变或应力。

纯弯曲梁试验装置外形如图 5-1 所示，主要由底座、横梁、杠杆、加载梁和砝码组成。水平调节螺母可以对横梁进行水平位置及高度调节；通过调节拉杆和螺母来连接杠杆和底座，添加砝码通过杠杆及杠杆支座将荷载施加于加载梁，进而作用于横梁；定位块可以对加载梁位置进行定位，即确定加载位置。

(a) 试验装置

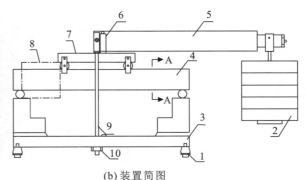
(b) 装置简图

图 5-1 纯弯曲梁试验装置

1—水平调节螺母；2—砝码；3—底座；4—横梁；5—杠杆；6—杠杆支座；7—加载梁；8—定位块；
9—拉杆；10—调节螺母

三、实验原理

本实验在梁承受纯弯曲的某一截面上，沿高度方向贴上 5 个电阻应变片，分别在顶部、底部、中性轴和 $y=\pm\dfrac{h}{4}$ 处，如图 5-2 所示。因为 CD 段是纯弯曲变形，梁纵向各纤维互不产生挤压，只产生伸长或缩短，所以它们为单向应力状态。

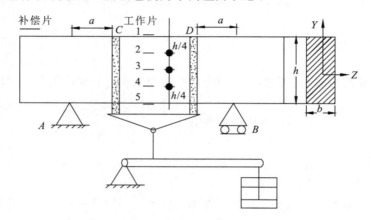

图 5-2　工作片位置示意图

由纯弯曲变形理论可知，梁横截面上各点弯曲正应力为：

$$\sigma=\frac{My}{I_z} \tag{5-1}$$

式中：y——所求应力点到中性轴的距离（mm）；

I_z——横截面对中性轴的惯性矩（mm^4），$I_z=\dfrac{bh^3}{12}$；

M——纯弯曲梁段的弯矩（N·mm），$M=\dfrac{1}{2}Pa$。

在弹性范围内，测出各点的轴向应变 ε，由虎克定律算出对应的正应力：

$$\sigma_i=\varepsilon_i E \tag{5-2}$$

式中：E——梁材料的弹性模量（GPa）。

实验采用增量法由砝码分级加载，每加载一次 ΔP，通过电阻应变仪测量并且读出电阻应变片的应变值 ε_i，然后计算出 σ_i。按测量结果观察分析正应力分布的规律。

把测量得到的 y_i、M_i 依次代入式（5-1）中，计算出直梁纯弯曲横截面正应力的理论值，并和实验结果对比分析，验证弯曲正应力公式。

四、实验步骤

（1）布置纯弯曲梁，测量梁的跨度 l，以及加力器支点到梁支座的距离 a，试件尺寸 h、b，各测点坐标 y_i 的位置。

（2）把各测点应变片（即工作片）按编号逐点接入静态应变仪平衡箱的 A、B 两接线柱上，温度补偿接入 B、C 接线柱上。

(3) 按规定初调应变仪平衡。

1) 先将应变仪后面板上电源开关置关闭位置，后面板上标定/测量开关置于测量，前面板测量点选择开关置"R_0"挡。

2) 将应变仪前面板 D_1、D、D_2 3 个接线柱用三点连接片连接并旋紧各接线柱，再把塑料壳标准电阻 3 根引出线同色两根分别接 A、C 接线柱旋紧，另一根接 B 接线柱旋紧。

3) 开启电源，前面板上显示屏应有数字显示，调节前面板上"R_0"电位器，使之显示为"00000"，"R_0"电位器顺时针调节显示为"＋"，反之则为"－"。

4) 应变仪预热 30min 后，再将后面板上标定/测量开关拨到标定，同时，调节灵敏度电位器，使显示屏显示"$10000\mu\varepsilon$"，灵敏度调好后即把标定/测量开关拨到测量位置。

(4) 将转换开关调到需要测量点的位置，把各测量点再预调平衡。

1) 顺序将应变片的导线依次接到仪器后面板 A_1—B_1、A_2—B_2、A_3—B_3、A_4—B_4、A_5—B_5 上。

2) 将公共温度补偿片接到前面板 B—C 处（此处是用塑料壳的标准电阻代替，即松开前面板 A 点接线柱上的接线叉，保留 B—C 两个接线叉即可）。

3) 将测量点选择开关拧到"1"，调"1"的电位器，使显示屏显示为零，拧到"2"，调"2"的电位器，使显示屏显示为零，依次将 5 个点全部调为零。

(5) 添加砝码加载（将 5 个砝码都加上去），依次把测量选择开关拧到 1 点至 5 点，记读电阻应变仪显示屏上的应变值，依次记下各点相应的应变值。重复 3 次添加砝码和记录数值。

(6) 检查实验记录的数据。

(7) 整理设备，清理现场。

(8) 认真整理数据，完成实验报告。

五、实验注意事项

(1) 熟悉电阻应变仪的基本原理和使用方法。

(2) 已贴好的电阻应变片不能随意剥拆，接线时要防止导线拉动电阻应变片。

(3) 导线与接线柱要连接牢固，线路在测量过程中不得随意变更。

六、实验思考

(1) 对实验测得的应力与理论计算的结果进行比较（最好把应力分布图绘在一起比较），说明弯曲理论中假设的可靠性。

(2) 说明影响测量精度的主要因素是什么。

(3) 弯曲正应力的大小是否受材料弹性模量的影响？

(4) 对本实验重新设计一种新的应变片的接桥方法。

第六章 弯扭组合变形实验

一、实验目的

（1）用电测法测定平面应力状态下主应力的大小及方向。
（2）测定薄壁圆管在弯扭组合变形作用下，分别由弯矩、剪力和扭矩所引起的应力。

二、实验设备

1. 弯扭组合变形实验装置

弯扭组合变形实验装置如图 6-1 所示。它由薄壁圆管（已粘好应变片）、加载臂、加载杆、传感器、加载手轮、座体、数字测力仪等组成。实验时，逆时针转动加载手轮，传感器受力，将信号传给数字测力仪，此时，数字测力仪显示的数字即为作用在加载臂顶端的载荷值，加载臂顶端作用力传递至薄壁圆管上，薄壁圆管产生弯扭组合变形。

图 6-1 弯扭组合变形实验装置
1—薄壁圆管；2—加载臂；3—加载杆；4—传感器；5—加载手轮；6—座体；7—数字测力仪

2. YJ-4501A/SZ 静态数字电阻应变仪

电阻应变仪是实验应力分析中电测法所必需的测试仪器。YJ-4501A 静态数字电阻应变仪（图 6-2）采用直流电桥、低漂移高精度放大器、大规模集成电路、A/D 转换器及微计算机技术并带有 RS-232 接口。具有 4½ 位数字显示、测量简便精度高、准确可靠、稳定性好、易于组成测试网络、便于维修等优点。本实验室内该机带有 12 个通道，并可扩展测量通道。

YJ-4501A 静态数字电阻应变仪适用于航空航天、机械制造、土木建筑、水力发电、机车车辆、铁路运输、汽车结构、矿井设备、船舶、桥梁等研究、制造机构中的应变测试。如配接相应的传感器，可测量重力、压力、扭矩、位移、温度等物理量。

图 6-2 YJ-4501A 静态数字电阻应变仪

三、实验原理

薄壁圆管材料为铝合金,其弹性模量 $E=72\text{GPa}$,泊松比 $\mu=0.33$。薄壁圆管截面尺寸、受力简图如图 6-3 所示。Ⅰ—Ⅰ 截面为被测试截面,由材料力学可知,该截面上的内力有弯矩、剪力和扭矩。取 Ⅰ—Ⅰ 截面的 A、B、C、D 4 个被测点,其应力状态如图 6-4 所示。每点处按 $-45°$、$0°$、$+45°$方向粘贴一枚三轴 45°应变花,如图 6-5 所示。

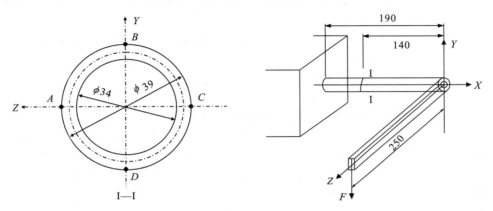

图 6-3 薄壁圆管截面尺寸、受力简图

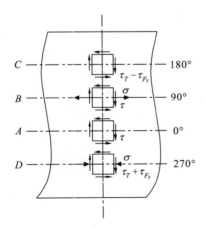

图 6-4 四测点应力状态图

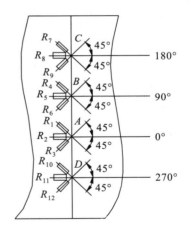

图 6-5 应变片粘贴位置

受弯扭组合变形作用的薄壁圆管其表面各点处于平面应力状态,用应变花测出三个方向的线应变,然后运用应变-应力换算关系求出主应力的大小和方向。本实验用的是 45°应变花,若测得应变 ε_{-45}、ε_0、ε_{45},则主应力大小的计算公式为

$$\left.\begin{array}{c}\sigma_1\\ \sigma_3\end{array}\right\} = \frac{E}{1-\mu^2}\left[\frac{1+\mu}{2}(\varepsilon_{-45}+\varepsilon_{45}) \pm \frac{1-\mu}{\sqrt{2}}\sqrt{(\varepsilon_{-45}-\varepsilon_0)^2+(\varepsilon_0-\varepsilon_{45})^2}\right] \quad (6-1)$$

主应力方向计算公式为

$$\tan 2\alpha = \frac{\varepsilon_{45} - \varepsilon_{-45}}{(\varepsilon_0 - \varepsilon_{-45}) - (\varepsilon_{45} - \varepsilon_0)} \tag{6-2}$$

若用 B、D 两被测点 $0°$ 方向的应变片组成如图 $6-6$（a）所示的半桥线路，可测得弯矩 M 引起的正应变

$$\varepsilon_M = \frac{\varepsilon_{Md}}{2}$$

由虎克定律可求得弯矩 M 引起的正应力

$$\sigma_M = E\varepsilon_M = \frac{E\varepsilon_{Md}}{2} \tag{6-3}$$

若用 A、C 两被测点 $-45°$、$45°$ 方向的应变片组成如图 $6-6$（b）所示的全桥线路，可测得扭矩 T 在 $45°$ 方向所引起的应变为

$$\varepsilon_T = \frac{\varepsilon_{Td}}{4}$$

由广义虎克定律可求得扭矩 T 引起的切应力

$$\tau_T = \frac{E\varepsilon_{Td}}{4(1+\mu)} = \frac{G\varepsilon_{Td}}{2} \tag{6-4}$$

若用 A、C 两被测点 $-45°$、$45°$ 方向的应变片组成如图 $6-6$（c）所示的全桥线路，可测得剪力 F_s 在 $45°$ 方向所引起的应变为

$$\varepsilon_{F_s} = \frac{\varepsilon_{F_s d}}{4}$$

由广义虎克定律可求得剪力 F_s 引起的切应力

$$\tau_{F_s} = \frac{E\varepsilon_{F_s d}}{4(1+\mu)} = \frac{G\varepsilon_{F_s d}}{2} \tag{6-5}$$

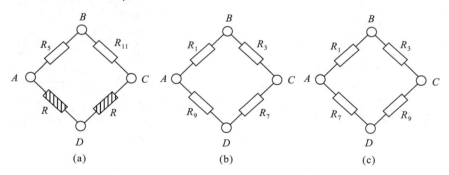

图 $6-6$　应变片组桥

四、实验步骤

（1）将传感器与测力仪连接，接通测力仪电源，将测力仪开关置开。

（2）将薄壁圆管上 A、B、C、D 各点的应变片按单臂（多点）半桥测量接线方法接至应变仪测量通道上。

（3）逆时针旋转手轮，预加 $50\mathrm{N}$ 初始载荷，将应变仪各测量通道置零。

（4）分级加载，每级 100N，加至 450N，记录各级载荷作用下应变片的读数变化。
（5）卸去载荷。
（6）将薄壁圆管上 B、D 两点 $0°$方向的应变片按图 6-6（a）半桥测量接线方法接至应变仪测量通道上，重复步骤（3）、（4）、（5）。
（7）将薄壁圆管上 A、C 两点 $-45°$、$45°$方向的应变片按图 6-6（b）全桥测量接线方法接至应变仪测量通道上，重复步骤（3）、（4）、（5）。
（8）将薄壁圆管上 A、C 两点 $-45°$、$45°$方向的应变片按图 6-6（c）全桥测量接线方法接至应变仪测量通道上，重复步骤（3）、（4）、（5）。

五、实验结果的处理

（1）计算 A、B、C、D 四点的主应力大小和方向。
（2）计算 $\mathrm{I}-\mathrm{I}$ 截面上分别由弯矩 M、剪力 F_s、扭矩 T 所引起的应力。

六、实验思考

（1）测定由弯矩 M、剪力 F_s、扭矩 T 所引起的应变，还有哪些接线方法？请画出测量电桥的接法。
（2）本实验中能否用二轴 $45°$应变花替代三轴 $45°$应变花来确定主应力的大小和方向？为什么？
（3）本实验中，测定剪力 F_s 引起的切应力时，是否有其他力的影响？若存在其他力的影响，请画出仅测定剪力 F_s 引起的切应力的布片图以及组桥接线图。

第七章 压杆稳定实验

一、实验目的

(1) 用电测法测定两端铰支和一端铰支、另一端固支两种约束条件下细长杆的临界压力 F_{cr},并与理论值比较。

(2) 观察细长杆轴向压缩时稳定现象。

二、实验设备

1. 压杆稳定实验装置

压杆稳定实验装置如图 7-1 所示。它由座体、支撑框架、上下支撑座、手轮、活动横梁、测力仪及传感器等组成。通过手轮调节传感器和活动横梁中间的距离,将已经粘贴好应变片的矩形截面压杆安装在传感器和活动横梁的中间。压杆上下两端可变换支承形式。

2. YJ-4501A/SZ 静态数字电阻应变仪

本实验仍采用第六章所述 YJ-4501A 静态数字电阻应变仪。

三、实验原理

两端铰支的中心受压细长杆为理想压杆,其临界压力为

$$F_{cr} = \frac{\pi^2 EI_{\min}}{l^2} \quad (7-1)$$

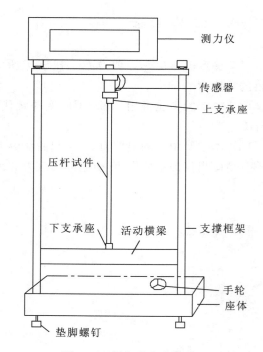

图 7-1 压杆稳定实验装置

若以压力 F 为纵坐标,压杆中点挠度 w 为横坐标,按小挠度理论绘出的 $F-w$ 曲线如图 7-2 所示。当压杆所受压力 F 小于试件的临界压力 F_{cr} 时,中心受压的细长杆在理论上保持直线形状,杆件处于稳定平衡状态,在 $F-w$ 曲线图中即为 OC 段直线;当压杆所受压力 F 大于试件的临界压力 F_{cr} 时,杆件因丧失稳定而弯曲,在 $F-w$ 曲线图中即为 CD 段直线。由于试件非完全理想化,可能存在初始曲率、压力可能偏心、材料可能不均匀等因素,在实

验过程中，杆件可能在很小的压力下就发生微小弯曲，中点挠度随压力增加而增大。

若以压杆下端点为坐标原点，以压杆轴线为 x 轴（图 7-3），则在 $x=\dfrac{l}{2}$ 处，压杆横截面的内力为 $M=Fw$，$F_N=-F$，应力为

$$\sigma=\dfrac{F}{A}\pm\dfrac{My}{I_{\min}} \tag{7-2}$$

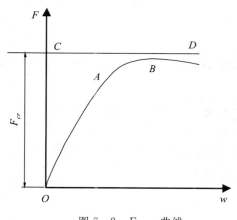

图 7-2 F-w 曲线　　　　图 7-3 两端铰支压杆

将 $x=\dfrac{l}{2}$ 处沿压杆轴向粘贴的两片应变片 R_1、R_2，以半桥测量电路接至应变仪上，可消除因轴向力产生的应变，只得到由弯矩引起的应变。应变仪读数应变 ε_d 是弯矩引起应变 ε_M 的两倍（$\varepsilon_d=2\varepsilon_M$），于是测得测点弯曲正应力为

$$\sigma=\dfrac{M\cdot\dfrac{h}{2}}{I_{\min}}=\dfrac{Fw\cdot\dfrac{h}{2}}{I_{\min}}=E\varepsilon_M=E\dfrac{\varepsilon_d}{2} \tag{7-3}$$

可见，在 $x=\dfrac{l}{2}$ 处压杆挠度与应变仪读数应变之间的关系为

$$\varepsilon_d=\dfrac{Fh}{EI_{\min}}w \tag{7-4}$$

在一定的压力 F 作用下，应变仪读数应变 ε_d 的大小反映了压杆挠度 w 的大小。将图 7-2 的横坐标改用应变仪读数应变 ε_d 代替，就绘制出了 F-ε_d 曲线图。在图 7-2 中，当压力 F 远小于临界压力 F_{cr} 时，随着 F 增加，挠度 w 变化很小，应变仪读数应变 ε_d 很小，增加极为缓慢（曲线 OA 段）；当压力 F 趋近于临界压力 F_{cr} 时，挠度 w 变化很快，应变仪读数应变 ε_d 也随之急剧增加（曲线 AB 段）。并且，曲线 AB 是以直线 CD 为渐进线，即可以根据渐近线 CD 的位置来确定临界压力 F_{cr}。

当细长压杆为一端铰支、另一端固支的中心受压时，其临界压力为

$$F_{cr}=\dfrac{\pi^2 EI_{\min}}{(0.7l)^2} \tag{7-5}$$

若将弯矩接近零的 C 点看成是铰支约束，则离实际铰支 B 点 $0.7l$ 的中间截面处，其变化规律与两端铰支约束时 $x=\dfrac{l}{2}$ 处的变化规律是相同的，如图 7-4 所示。这时，只需在

0.35l 处粘贴应变片并组成半桥测量电路接至应变仪即可。

四、实验步骤

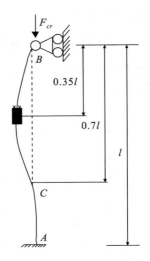

图 7-4　一端铰支、另一端固支的中心受压杆

（1）两端铰支。
1）将压杆两端安装铰支承。
2）将传感器与测力仪连接，接通测力仪电源，将测力仪开关置开。
3）将 $x=\dfrac{l}{2}$ 粘贴的应变片按半桥测量接线方法接至应变仪测量通道上。
4）在初始载荷 F 为零时，将应变仪各测量通道置零。
5）旋转手轮对压杆分级加载，记录各级载荷作用下应变片的读数变化。在压力 F 远小于临界压力 F_{cr} 时，分级可粗些；当压力 F 趋近于临界压力 F_{cr} 时，分级要细，直到压杆有明显弯曲变形，轴向应变不超过 1200×10^{-6}。

（2）一端铰支、另一端固支。
1）将压杆一端安装铰支承，另一端安装固定支承。
2）将传感器与测力仪连接，接通测力仪电源，将测力仪开关置开。
3）将离铰支承 0.35l 处粘贴的应变片按半桥测量接线方法接至应变仪测量通道上。
4）在初始载荷 F 为零时，将应变仪各测量通道置零。
5）旋转手轮对压杆分级加载，记录各级载荷作用下应变片的读数变化。在压力 F 远小于临界压力 F_{cr} 时，分级可粗些；当压力 F 趋近于临界压力 F_{cr} 时，分级要细，直到压杆有明显弯曲变形，轴向应变不超过 1200×10^{-6}。

五、实验结果的处理

（1）绘制两种支承条件下的 F-ε_d 曲线图，确定相应的临界压力 F_{cr}，并与理论计算值比较。
（2）分析实验值与理解值误差率及其原因。

六、实验思考

（1）测定由弯矩 M、轴向力 F_N 所引起的应变，还有哪些接线方法？请画出测量电桥的接法。
（2）本实验中，轴向力 F_N 所引起的应变是否有影响？若存在影响，请画出消除影响的组桥接线图。

第八章 光弹性实验

实际工程中有许多构件和零件的形状往往很不规则，载荷情况也比较复杂，对这些构件和零件的应力进行理论分析非常困难。这时，用光学方法测量试件或结构各点的应力、应变、位移等是常用的实验方法之一。

实验力学中的光学方法主要有光弹性法、散斑法、全息干涉法、衍射光波法等，每种方法各有其应用。其中，光弹性实验方法是光测力学中一种比较古老的方法，是全域性的，具有较强的直观性，能有效而准确地确定受力模型各点的主应力差和主应力方向，计算出各点的主应力数值，尤其对构件应力集中系数的确定，显得更加方便和有效。

光弹性实验的实质就是利用光弹性仪来测量材料模型的各点光程差的大小，应用应力-光学定律来确定主应力差，从而实现应力的光学测量。

一、实验目的

（1）了解光弹性实验的基本原理和方法，认识光弹性仪。
（2）观察光弹性模型受力后在偏振光场中的光学效应。
（3）观察模型受力时的条纹图案，认识等差线和等倾线。
（4）用切应力差法计算模型中某一断面上的应力分布。

二、实验设备和仪器

光弹性组合实验装置如图8-1所示。它由计算机主机（已安装好操作软件）、操作主

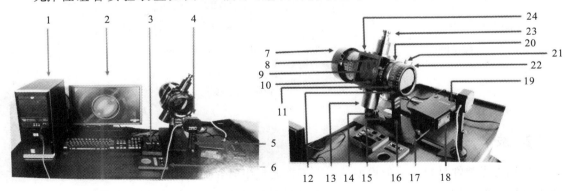

图 8-1 光弹性组合实验装置

1—主机；2—操作主屏；3—梁的加压头和组件；4—图像采集摄像头；5—摄像头支架；6—实验模型；7—LED独立光源；8、10—圆盘加压头；9—圆盘模型；11—波片镜圈；12—偏振片镜圈；13—传感器及固定架；14、15—固定旋钮；16—主支架；17—底座；18—数显表；19—LED光源控制；20—拔杆；21—紧固旋钮；22—定位圈；23—拉压螺旋杆；24—加载架

屏、梁的加压头和组件、图像采集摄像头、摄像头支架、实验模型、LED 独立光源、圆盘加压头、圆盘模型、波片镜圈、偏振片镜圈、固定旋钮、主支架、底座、数显表、LED 光源控制、拔杆、紧固旋钮、定位圈、拉压螺旋杆、加载架等组成。实验时，通过旋转加载架顶端的螺旋杆对试件施加适当的力，顺时针施加拉力时数显表显示为正值，逆时针施加压力时数显表显示为负值。值得注意的是，数显表在接好线路后需预先调零，并且数显表所有参数除了需要修改的参数外，其余参数均不得私自修改。

三、实验原理

1. 暗场与明场

在本实验装置中，由光源 S、起偏镜 P 和检偏镜 A 组成一个简单的平面偏振光场（图 8-2）。起偏镜 P 和检偏镜 A 均为光学偏振片，各有一个偏振轴（称为 P 轴和 A 轴），这种光学系统称为平面偏振场。光源发生的光波通过起偏镜 P 后，只有沿偏振轴方向振动的光波才能通过，在 PC 之间形成偏光场，C 为受力模型中的一个单元体。当两个偏振片的偏振轴相互垂直时，光波被检偏镜阻挡，由起偏镜产生的偏振光全部不能通过检偏镜，将形成一个全暗的光场，这种情况称为平面偏振场的暗场；当两个偏振片的偏振轴相互平行时，由起偏镜产生的偏振光可以完全通过检偏镜，将在接收屏上形成一个全亮的光场，这种情况称为平面偏振场的明场。明场和暗场是光弹性测试中的基本光场。对于平面偏振场，实验时主要采用暗场。

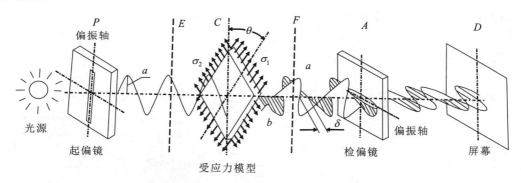

图 8-2　平面偏振光光路

2. 应力-光学定律

当把由光弹性材料制成的模型放置在偏振光场中时，如果模型不受力，光线通过模型后将不发生改变；如果模型受力，将产生暂时双折射现象，即入射光线通过模型后将沿两个主应力方向分解为两束相互垂直的偏振光，这两束光出射模型后将产生一光程差 δ。实验证明，光程差 δ 与主应力差值 ($\sigma_1-\sigma_2$) 和模型厚度 d 成正比，即

$$\delta = C \cdot d \cdot (\sigma_1 - \sigma_2) \tag{8-1}$$

式（8-1）中，C 为模型材料的光学常数，与材料和光波波长有关。上式常称为应力-光学

定律，是光弹性实验的基础。两束光通过检偏镜后将合成在一个平面振动，形成干涉条纹。如果光源用白光，则得到彩色干涉条纹；如果光源用单色光，得到的则是明暗相间的干涉条纹。

3. 等倾线与等差线

从光源发出的单色光经过起偏镜后变成平面偏振光，其波动方程为

$$E_P = a\sin\omega t \tag{8-2}$$

式中：a——光波的振幅；
t——时间；
ω——光波的角速度。

E_P 传播到受力模型上后被分解为沿两个主应力方向振动的两束平面偏振光 E_1 和 E_2。假设主应力与检偏镜的偏振轴的夹角为 θ，则这两束平面偏振光的振幅分别为

$$a_1 = a\sin\theta, \quad a_2 = a\cos\theta$$

一般情况下，主应力 $\sigma_1 \neq \sigma_2$，故 E_1 和 E_2 有一个角程差

$$\varphi = \frac{2\pi}{\lambda}\delta \tag{8-3}$$

假设沿 E_2 的偏振光比沿 E_1 的慢，则两束偏振光的振动方程为

$$E_1 = a\sin\omega t, \quad E_2 = a\sin(\omega t - \varphi)$$

当上述两束偏振光再经过检偏镜 A 时，都只有平行检偏镜的偏振轴的分量可以通过，这两个分量在同一平面内，合成后的振动方程为

$$E = a\sin 2\theta \sin\frac{\varphi}{2}\cos(\omega t - \frac{\varphi}{2}) \tag{8-4}$$

式（8-4）中，E 仍是一个平面偏振光，其振幅为

$$A = a\sin 2\theta \sin\frac{\varphi}{2}$$

根据光学原理，偏振光的强度与振幅的平方成正比，即

$$I = Ka^2 \sin^2 2\theta \sin^2 \frac{\varphi}{2} \tag{8-5}$$

式（8-5）中，K 是光学常数。把式（8-1）和式（8-3）代入式（8-5）可得

$$I = Ka^2 \sin^2 2\theta \sin^2 \frac{\pi C \cdot d \cdot (\sigma_1 - \sigma_2)}{\lambda} \tag{8-6}$$

由式（8-6）可以看出，光强 I 与主应力的方向和主应力的差值有关。为使两束光波发生干涉，相互抵消，必须光强 $I=0$，分为以下几种情况：

（1）$a=0$ 即没有光源，不符合实际。

（2）$\sin 2\theta = 0$，则 $\theta = 0$ 或 $90°$，即模型中某一点的主应力方向与检偏镜的偏振轴平行或者垂直时，在屏幕上形成暗点。众多这样的点将形成暗条纹，这样的条纹称为等倾线。在保持 P 轴和 A 轴垂直的情况下，同步旋转起偏镜和检偏镜任一个角度，就可以得到 α 角度的等倾线。

（3）$\sin\dfrac{\pi C \cdot d \cdot (\sigma_1 - \sigma_2)}{\lambda} = 0$，即

$$(\sigma_1 - \sigma_2) = \frac{n\lambda}{Cd} = n\frac{f_\sigma}{d} \quad (n = 1, 2, 3, 4 \cdots) \tag{8-7}$$

式（8-7）中的 f_σ 称为模型材料的条纹值。满足上式的众多点也将形成暗条纹，该条纹上的各点的主应力之差相同，故称这样的暗条纹为等差线。随着 n 取值的不同，可以分为 0 级等差线、1 级等差线等。

综上所述，等倾线给出模型上各点主应力的方向，而等差线可以确定模型上各点主应力的差值。对于单色光源来说，等倾线和等差线均为暗条纹，难免相互混淆。为此，若在起偏镜的前边 E 处和检偏镜的后面 F 处各加一块 1/4 波片（即偏振光产生 $\lambda/4$ 光程差的光波片），并且 $\lambda/4$ 片的快慢轴调整到偏振片的偏振轴成 $45°$ 的位置，就可以得到圆偏振光场（图 8-3）。最后在接收屏上只出现等差线而没有等倾线。

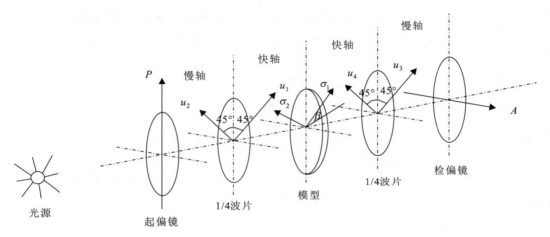

图 8-3　圆偏振光光路

四、实验步骤

（1）认识设备中各元件的位置及作用，测量模型和加载装置的几何尺寸。

（2）开启光源，并进行对光调节。

（3）光弹性现象的调试方法。

1）换上线偏振镜，调整起偏镜和检偏镜的偏振轴相互垂直，即为平面正交偏振光场。

2）当起偏镜和分析镜的两偏振轴正交时为暗场，可以看到整数级的等差线。

3）当起偏镜和分析镜的两偏振轴平行时为明场，可以看到半数级的等差线。

4）当用白光作光源时，等差线为彩色条纹。当用单色光作光源时，等差线为暗色条纹。

5）当正交平面偏振光场时，无论是用白光或单色光作光源，等倾线始终是暗色的。若这时同步转动起偏镜和检偏镜，等倾线会发生变化，但等差线始终保持不变化。

（4）分别放置模型，逐渐加载，观察等差线的生成和变化规律。注意色序变化并确定条纹级数。分析等差线特点，找出零级条纹位置，判断边界应力符号。停止加载，并固定。记录下载荷 P。

（5）调节摄像仪的光圈和焦距，使成像清晰，保存图像，便于下面的软件分析。

（6）卸下模型，关闭光弹性仪的光源。进行数据处理。

(7) 清理实验现场,完成实验报告。

五、实验注意事项

(1) 不能成像时先检查镜头盖是否取下,摄像仪的连线是否正确。
(2) 图像首先要调节清晰才能进行实验。
(3) 保持仪器干燥,不使用时应用防尘罩盖好。
(4) 仪器有灰尘应用吹气球吹去,光学元件用酒精乙醚混合液擦拭干净。
(5) 实验结束后,应及时取下模板,防止模板产生内应力,不利于下次实验。

六、实验思考

(1) 了解光弹性仪装置,简述各光学元件的作用。
(2) 采集各个角度时的平面偏振光场以及圆偏振光场的图片。
(3) 有兴趣者继续下一步的软件分析。

附:软件光弹应力分析及显示

1. 断面数据提取

等差(倾)线断面数据提取:调入等差(倾)线骨架线图(已做完内部插值和边界插值)将光标移至计算断面的起点,按下鼠标左键,然后将光标移至计算终点,按下鼠标左键(注:需在纸上记下该起点和终点值)。

根据电脑提示输入辅助断面间距及插值函数的次数(固定间距为15个像素,一般对等差线插值函数的次数可选2~3次,对等倾线插值函数的次数可选1次),直至满意为止,便可自动得到计算断面和上下辅助断面的等差(倾)线数据(注:等倾线、等差线计算断面的起点和终点必须严格一致),并以 * *.TXT 文件形式存盘,如图8-4和图8-5所示。

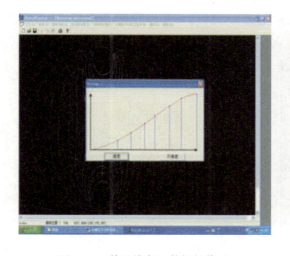

图8-4 等差线断面数据插值图

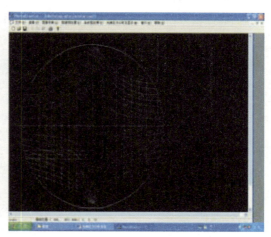

图8-5 计算断面图(等倾线)

2. 二维断面应力自动分析

利用所提取的断面数据，根据切应力差法，对任意方向的计算断面可以给出沿断面方向的 3 个应力分量（σ_x、σ_y、τ_{xy}）、两个主应力（σ_1、σ_2）、第一主应力方向角（θ_1），并能给出转到固定坐标系中去的应力分量。可以计算起始点边界已知、终点边界已知、起始及终止边界双边界已知三种边界条件下的应力分布（图 8-6），并能给出断面数据平衡校核结果，显示、打印应力分布曲线及数据表格（图 8-7、图 8-8）。

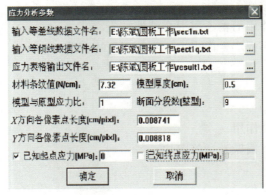

图 8-6　二维应力自动分析输入数据界面图

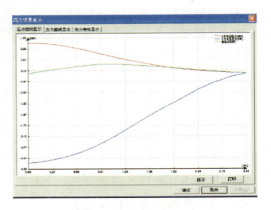

图 8-7　应力分布曲线显示图

点击该子菜单，根据电脑提示（图 8-8），输入由上面所得断面等差线和等倾线数据文件名，应力表格输出文件名，模型切片的材料条纹值、厚度，计算断面的纵向分断数，X、Y 方向每像素代表的长度值，并输入起点或终点的纵向应力值，最后按确定，即可得断面应力结果，并有表格、图形和文件三种输出方式（注：其中像素长度为模型实际宽度尺寸（cm）/宽度的总像素数或模型实际高度尺寸（cm）/高度总像素数）。屏幕上最后显示的是横向力的总和。

对某一区域的应力分布还可以云图的方式显示输出，即通过对该区域内的多个断面进行计算，结合边界应力计算结果在该区域内进行插值运算，并将结果以彩色云图和主应力等值线方式显示（图 8-9）。

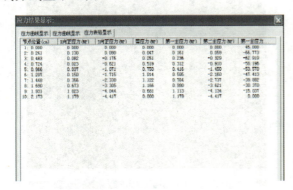

图 8-8　应力结果显示表图

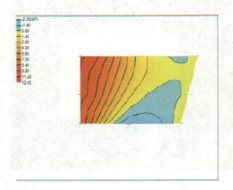

图 8-9　圆盘区域应力分布云图

第九章 岩石单轴压缩实验

一、实验目的

岩石单轴压缩实验能揭示岩石在单轴压缩条件下的强度、变形和破坏特征。通过该实验掌握岩石单轴压缩实验方法,学会岩石单轴抗压强度、弹性模量、泊松比的计算方法,了解岩石单轴压缩过程的变形特征和破坏类型。

二、实验设备、仪器和材料

(1) 钻石机、锯石机、磨石机。
(2) 游标卡尺,精度 0.02mm。
(3) 直角尺、水平检测台、百分表及百分表架。
(4) 电子万能试验机。
(5) JN-16 型静态电阻应变仪。
(6) 电阻应变片(BX-120 型)。
(7) 胶结剂、清洁剂、脱脂棉、测试导线等。

三、试件的规格、加工精度、数量及含水状态

(1) 试件规格。采用直径为 50mm、高为 100mm 的标准圆柱体,对于一些裂隙比较发育的试件,可采用 50mm×50mm×100mm 的立方体,当岩石松软不能制取标准试件时,可采用非标准试件,但需在实验结果中加以说明。

(2) 加工精度。

1) 平行度。试件两端面的平行度偏差不得大于 0.1mm。检测方法如图 9-1 所示,将试件放在水平检测台上,调整百分表的位置,使百分表触头紧贴试件表面,然后水平移动试件,百分表指针的摆动幅度小于 10 格。

2) 直径偏差。试件两端的直径偏差不得大于 0.2mm,用游标卡尺检查。

3) 轴向偏差。试件的两端面应垂直于试

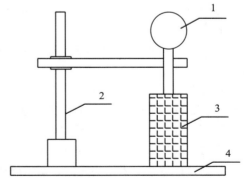

图 9-1 试件平行度检测示意图
1—百分表;2—百分表架;3—试件;
4—水平检测台

件轴线。检测方法如图 9-2 所示,将试件放在水平检测台上,用直角尺紧贴试件竖直边,转动试件,两者之间无明显缝隙。

(3) 试件数量。每种状态下试件的数量一般不少于 3 个。

(4) 含水状态。采用自然状态,即试件制成后放在底部有水的干燥器内 1～2d,以保持一定的湿度,但试件不得接触水面。

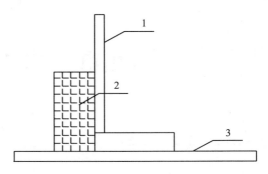

图 9-2　试件轴向偏差度检测示意图
1—直角尺；2—试件；3—水平检测台

四、电阻应变片的粘贴

(1) 阻值检查。要求电阻丝平直,间距均匀,无黄斑,电阻值一般选用 120Ω,测量片和补偿片的电阻差值不超过 0.5Ω。

(2) 位置确定。纵向、横向电阻应变片粘贴在试件中部,纵向、横向应变片排列采用"ㅓ"形(图 9-3),尽可能避开裂隙、节理等弱面。

(3) 粘贴工艺。试件表面清洗处理→涂胶→贴电阻应变片→固化处理→焊接导线→防潮处理。

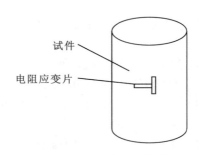

图 9-3　电阻应变片粘贴

五、实验步骤

(1) 测定前核对岩石名称和试件编号,并对岩石试件的颜色、颗粒、层理、裂隙、风化程度、含水状态等进行描述。

(2) 检查试件的加工精度,并测量试件尺寸,一般在试件中部两个互相垂直方向测量直径,计算平均值。

(3) 电阻应变仪接通电源并预热数分钟后,连接测试导线,接线方式采用公共补偿半桥连接方式。

(4) 开机：试验机→计算机→打印机。打开电脑显示器电源、控制器电源、主机电源；鼠标点击 MaterialTest.exe 图标,进入联机参数界面,选定传感器,点击联机按钮,进入试验运行界面。注意：每次开机后要预热 5min,待系统稳定后才可进一步使用。如果刚关机需要再开机,间隔时间不能少于 1min。

(5) 把试件放在上下压头之间,调整横梁的位置,让上压头和试件之间的距离接近零,然后点击清零键。调整横梁到适当的位置,选用与试件匹配的压头,并正确安装在对应的压头正中,调整好下限位挡圈的位置。设置好上线位挡圈的位置,确保横梁在安全的行程内移动。

(6) 在试验项目里选择要做的试验方案,更改要保存的数据库文件名称。

(7) 点击"试验方案",根据要做实验的执行标准设置试验方案。在用户参数编辑区域内输入已经测量的试件的各种参数。

（8）点击运行按钮，开始自动实验。

（9）观察实验过程。（实验员不要随便进入实验空间或离开实验现场，以避免意外事故。）

（10）等试件断裂后上升横梁，取下试件。

（11）如还有试件，重复步骤（5）～（10）。

（12）实验完成后，点击结果按钮，进入结果界面查看实验结果。然后点击保存，最后点击报告预览，打印实验报告，并对试件破坏形态进行描述。

（13）出报告，点击报告预览，选择报告模板，生成报告，打印报告即可。

（14）做完实验，依次关闭软件、试验机、电脑，再切断总电源。

（15）清理实验现场。

六、实验结果整理

1. 岩石单轴抗压强度

岩石单轴抗压强度按下式计算

$$R_C = \frac{P}{S} \tag{9-1}$$

式中：R_C——试件单轴抗压强度（MPa）；

P——试件破坏载荷（N）；

S——试件初始截面积（mm^2）。

岩石单轴抗压强度测定结果填入表9-1。

表9-1 岩石单轴抗压强度测定结果

岩石名称	试件编号	岩性描述	试件尺寸 $D \times L$（mm）	破坏载荷（kN）	抗压强度（MPa）	
					单值	均值
	1					
	2					
	3					

2. 体积应变

实验结束后检查每一组的实验结果，废弃可疑数据，分别计算试件所受应力 σ 和与之对应的纵向应变 ε_1、横向应变 ε_2 以及体积应变值 ε_v，体积应变值按下式计算：

$$\varepsilon_v = \varepsilon_1 + 2\varepsilon_2 \tag{9-2}$$

3. 弹性模量

根据岩石单轴压缩实验的应力-应变曲线计算变形参数。由于岩石压缩过程中各个阶段的变形情况有所不同,弹性模量又分为切线模量 E_τ（又称弹性模量或杨氏模量）和割线模量 E_{50}（又称变形模量）,分别按下式计算:

$$E_\tau = \frac{\Delta\sigma}{\Delta\varepsilon} \tag{9-3}$$

$$E_{50} = \frac{\sigma_{50}}{\varepsilon_{50}} \tag{9-4}$$

式中：$\Delta\sigma$——纵向应力-应变曲线中直线段的纵向应力增量（MPa）；

$\Delta\varepsilon$——纵向应力-应变曲线中直线段的纵向应变增量；

σ_{50}——单向抗压强度 50％的应力值（MPa）；

ε_{50}——试件与 σ_{50} 对应的纵向应变值。

4. 泊松比

岩石在单轴压缩过程中纵向变形的同时横向也发生相应变形,在轴向应力-纵向应变与轴向应力-横向应变曲线上,由对应直线段纵向应变和横向应变的平均值计算泊松比 μ:

$$\mu = \frac{\varepsilon_{2p}}{\varepsilon_{1p}} \tag{9-5}$$

式中：μ——岩石的泊松比；

ε_{1p}——纵向应力-纵向应变曲线中对应直线段部分的应变平均值；

ε_{2p}——纵向应力-横向应变曲线中对应直线段部分的应变平均值。

弹性模量 E_τ、变形模量 E_{50} 及泊松比 μ 测定结果填入表 9-2。

表 9-2 弹性模量 E_τ、变形模量 E_{50} 及泊松比 μ 测定结果

岩石名称	试样编号	岩性描述	弹性模量 E_τ（GPa）		变形模量 E_{50}（GPa）		泊松比 μ	
			单值	均值	单值	均值	单值	均值

七、实验报告要求

实验结束后认真独立填写实验报告,实验报告应包括以下内容:

（1）实验目的；

（2）主要实验仪器；

（3）实验步骤；

（4）原始数据及实验数据整理；
（5）对本实验的建议。

八、实验思考

（1）试验机上为何要配备球形调节座？
（2）影响单轴压缩实验结果的实验因素有哪些？
（3）单轴压缩破坏的类型有哪几种？

参考文献

邓宗白,陶阳,金江.材料力学实验与训练[M].北京:高等教育出版社,2014
戴福隆,沈观林,谢惠民.实验力学[M].北京:清华大学出版社,2010
范钦珊,王杏根,陈巨兵,等.工程力学实验[M].北京:高等教育出版社,2006
高建和.工程力学实验[M].北京:机械工业出版社,2011
刘元雪,陈绍杰,付志亮.岩石力学试验教程[M].北京:化学工业出版社,2011
宋固全,闫小青,兰志文.工程力学实验教程[M].成都:西南交通大学出版社,2012
佟景伟,李鸿琦.光弹性实验技术及工程应用[M].北京:科学出版社,2012
杨耀锋.力学实验[M].北京:科学出版社,2014
张大志,郁世刚,王翀,等.力学实验指导书[M].沈阳:东北大学出版社,2011
张红旗,李瑶.基础力学实验[M].北京:科学出版社,2016
邹广平,张学义.现代力学测试原理与方法[M].北京:国防工业出版社,2015

附 录

附录一 测量电桥的工作原理与接线法

应变电测法一般是指用电阻应变片进行应变测试的方法,也称电阻应变测试方法。即用电阻应变片测定构件表面的应变,再根据应力-应变关系确定构件表面应力状态的一种实验应力分析方法。

电测法具有许多突出的优点:①测量灵敏度和精度高。其最小应变数可为1微应变(1微应变$=10^{-6}$mm/mm),常温静态应变测量时,精度一般可达到1%~2%,动态测量误差为3%~5%。②测量范围广。可测1微应变到2万微应变。③频率响应好。可以测量到数十万赫的动态应变。④应变片尺寸小,最小的应变片栅长可短到0.178mm,因此重量轻、安装方便,不会影响构件应力状态。⑤由于在测量过程中输出的是电信号,因此易于实现数字化和自动化,还可进行远距离无线电遥测。⑥可在高温、低温、高速旋转及强磁场等环境里进行测量。⑦可制成各种传感器,用于测量力、压强、扭矩、位移、速度、加速度等物理量。

当然,电测法也存在一些缺点:①只能测量构件表面有限点的应变,而不能测量构件内部的应变。②一个电阻应变片只能测定构件表面一个点沿某一个方向的应变,而不能进行全域性的测量。③只能测得电阻应变片栅K范围内的平均应变值,对于应力集中和应变梯度很大的应力场进行测量时容易引起较大的误差。

本章将简要介绍电阻应变片和测量电桥的工作原理、测量电桥的接线方法及其应用。

一、电阻应变片的工作原理

电阻应变片的工作原理是基于金属丝受力发生变形产生电阻变化的应变电阻效应。根据物理知识,金属丝的电阻R与其材料的电阻率ρ、原始长度L、横截面直径D和面积A的关系为

$$R = \rho \frac{L}{A} \tag{1}$$

金属丝电阻的相对变化为

$$\frac{dR}{R} = \frac{d\rho}{\rho} + \frac{dL}{L} - \frac{dA}{A} \tag{2}$$

式中,$\frac{dL}{L}$为金属丝长度的相对变化,用应变表示,即

$$\frac{dL}{L} = \varepsilon \tag{3}$$

而$\frac{dA}{A}$为金属丝横截面面积的相对变化,可变换为

$$\frac{dA}{A} = 2\frac{dD}{D} = -2\mu\frac{dL}{L} = -2\mu\varepsilon \tag{4}$$

其中 μ 为金属丝材料的泊松比。

将式（3）和式（4）代入式（2），得到

$$\frac{dR}{R} = \frac{d\rho}{\rho} + (1+2\mu)\varepsilon \tag{5}$$

式中，右边第一项是由金属丝变形后电阻率发生变化所引起，第二项是由金属丝变形后几何尺寸发生变化所引起。

在常温下，许多金属丝在一定的应变范围内，其电阻的相对变化与其轴向应变成正比，即

$$\frac{dR}{R} = K_s \varepsilon \tag{6}$$

式中，K_s 为金属丝的灵敏系数。比较式（5）与式（6），即得

$$K_s = \frac{1}{\varepsilon}\frac{d\rho}{\rho} + (1+2\mu)\varepsilon \tag{7}$$

应变片的灵敏系数 K 为应变片的电阻变化率与试件表面贴片处沿应力方向应变的比值，即

$$K = \frac{\Delta R/R}{\varepsilon} \tag{8}$$

应变片的灵敏系数 K 是受多种因素影响的综合性指标，主要取决于敏感栅材料的灵敏系数 K_s、结构形式、几何尺寸，以及基底、黏接剂、厚度等。因此，应变片的灵敏系数不能通过理论计算得到，而是由生产厂家标定确定。常用金属应变片的灵敏系数为 2.0～2.4。

二、测量电桥的工作原理

在测试过程中，粘贴在构件上的电阻应变片的电阻变化极其微小，需要设计测量电路，把电阻变化的信号转换为电压或电流的信号，再通过放大器将信号放大并记录，这就是电阻应变仪的工作原理。其中，惠斯通电桥是常用的测量电路，也称测量电桥。当供桥电压为直流电压时，测量电桥如附图 1-1 所示。

设电桥各桥臂电阻分别为 R_1、R_2、R_3、R_4；电桥的 A、C 为输入端，接直流电源，输入电压为 U_{AC}，而 B、D 为输出端，输出电压为 U_0。从 ABC 半个电桥来看，AC 间的电压为 U_{AC}，流经 R_1 的电流为

$$I_1 = \frac{U_{AC}}{R_1 + R_2}$$

于是，得 R_1 两端的电压降为

$$U_{AB} = I_1 R_1 = \frac{R_1}{R_1 + R_2} U_{AC}$$

同理，R_3 两端的电压降为

$$U_{AD} = \frac{R_3}{R_3 + R_4} U_{AC}$$

因此，得到电桥输出电压 $U_0 = U_{AB} - U_{AD}$，即

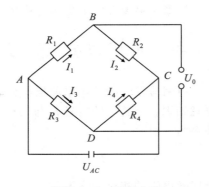

附图 1-1 测量电桥

$$U_0 = \left(\frac{R_1}{R_1+R_2} - \frac{R_3}{R_3+R_4}\right)U_{AC} = \frac{R_1R_4 - R_2R_3}{(R_1+R_2)(R_3+R_4)}U_{AC} \tag{9}$$

由式（9）可知，要使电桥平衡，即使输出电压为零，则桥臂电阻必须满足

$$R_1R_4 = R_2R_3 \tag{10}$$

若设初始处于平衡状态的电桥，给各桥臂电阻有相应增量 ΔR_1、ΔR_2、ΔR_3、ΔR_4，则得到电桥输出电压为

$$U_0 = \frac{(R_1+\Delta R_1)(R_4+\Delta R_4) - (R_2+\Delta R_2)(R_3+\Delta R_3)}{(R_1+\Delta R_1+R_2+\Delta R_2)(R_3+\Delta R_3+R_4+\Delta R_4)}U_{AC} \tag{11}$$

将式（9）和式（10）代入式（11），在 $\Delta R \ll R$ 情况下略去高阶小量，得

$$U_0 = \frac{R_1R_2}{(R_1+R_2)^2}\left(\frac{\Delta R_1}{R_1} - \frac{\Delta R_2}{R_2} - \frac{\Delta R_3}{R_3} + \frac{\Delta R_4}{R_4}\right)U_{AC} \tag{12}$$

常用的测量电桥的方案有以下两种：

(1) 等臂电桥，即各桥臂初始电阻值相等，$R_1 = R_2 = R_3 = R_4 = R$。
(2) 卧式电桥，各桥臂初始电阻值为 $R_1 = R_2 = R'$ 和 $R_3 = R_4 = R''$。

这两种测量电桥的方案均可满足电桥平衡条件，且式（12）可简化为

$$U_0 = \frac{U_{AC}}{4}\left(\frac{\Delta R_1}{R_1} - \frac{\Delta R_2}{R_2} - \frac{\Delta R_3}{R_3} + \frac{\Delta R_4}{R_4}\right) \tag{13}$$

若 4 个桥臂都使用灵敏系数相同的应变片，则将式（8）代入式（13），得

$$U_0 = \frac{KU_{AC}}{4}(\varepsilon_1 - \varepsilon_2 - \varepsilon_3 + \varepsilon_4) \tag{14}$$

式（14）表明，通过测量电桥可将应变片的应变值转换为电压信号，并经过应变仪放大处理，再输出为读数应变 ε_d，应变仪的输出应变就是读数应变。即

$$\varepsilon_d = \varepsilon_1 - \varepsilon_2 - \varepsilon_3 + \varepsilon_4 \tag{15}$$

可见，两相邻桥臂上应变片的应变代数相减，而两相对桥臂上应变片的应变代数相加。

三、测量电桥的接线方法

在测量电桥中，根据电桥基本特性和使用情况，各桥臂的电阻可以是部分或全部为工作应变片，采用不同的接法，以达到以下几个目的：①实现温度补偿；②在复杂的变形中测出所需要的某一应变分量；③提高测量精度，扩大应变仪的读数，减少读数误差。

1. 半桥测量接线法

若在测量电桥的 AB 和 BC 桥臂上接电阻应变片 R_1 和 R_2，而在 AD 和 CD 桥臂上接固定电阻 R，这种接线方式称为半桥测量接线法。根据两应变片的工作状态和性质不同，又可分为双臂半桥测量和单臂半桥测量。设应变片 R_1 和 R_2 的应变分别为 ε_1 和 ε_2（包含构件变形应变和温度应变），而固定电阻 R_3 和 R_4 的变化很小，且 $\Delta R_3 = \Delta R_4$，因而 $\varepsilon_3 = \varepsilon_4$，则根据式（15），得应变仪的读数应变为

$$\varepsilon_d = \varepsilon_1 - \varepsilon_2 \tag{16}$$

当采用双臂半桥测量接线方法时（附图 1-2），设工作应变片 R_1 和 R_2 由于构件变形引起的应变分别为 $\varepsilon^{(1)}$ 和 $\varepsilon^{(2)}$，由于温度引起的应变均为 ε_t，则

$$\varepsilon_1 = \varepsilon^{(1)} + \varepsilon_t \quad \varepsilon_2 = \varepsilon^{(2)} + \varepsilon_t$$

根据式 (16)，得应变仪的读数应变为

$$\varepsilon_d = \varepsilon^{(1)} - \varepsilon^{(2)} \tag{17}$$

可见，在双臂半桥测量接线方法中，应变仪的读数应变为两工作应变片上构件变形应变的代数和。

当采用单臂半桥测量接线方法时（附图1-3），设应变片 R_1 为工作应变片，R_2 为温度补偿应变片。设工作应变片由于构件变形引起的应变为 $\varepsilon^{(1)}$，在同一工作环境下，工作应变片和温度补偿应变片由于温度引起的应变均为 ε_t。则

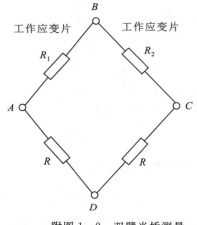
附图1-2 双臂半桥测量

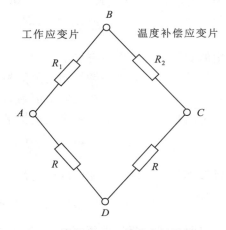
附图1-3 单臂半桥测量

$$\varepsilon_1 = \varepsilon^{(1)} + \varepsilon_t \quad \varepsilon_2 = \varepsilon_t$$

根据式 (16)，得应变仪的读数应变为

$$\varepsilon_d = \varepsilon^{(1)} \tag{18}$$

可见，在单臂半桥测量接线方法中，应变仪的读数应变即为工作应变片上构件变形应变。

2. 全桥测量接线法

若在测量电桥的4个桥臂上全部接电阻应变片，这种接线方式称为全桥测量接线法。根据4应变片的工作状态和性质不同，又可分为四臂全桥测量和对臂全桥测量。

当测量电桥的4个桥臂上都接工作应变片，即采用四臂全桥测量接线方法时（附图1-4），设工作应变片由于构件变形引起的应变分别为 $\varepsilon^{(1)}$、$\varepsilon^{(2)}$、$\varepsilon^{(3)}$ 和 $\varepsilon^{(4)}$，由于温度引起的应变均为 ε_t，则

$$\varepsilon_1 = \varepsilon^{(1)} + \varepsilon_t, \varepsilon_2 = \varepsilon^{(2)} + \varepsilon_t, \varepsilon_3 = \varepsilon^{(3)} + \varepsilon_t, \varepsilon_4 = \varepsilon^{(4)} + \varepsilon_t$$

根据式 (15)，得应变仪的读数应变为

$$\varepsilon_d = \varepsilon^{(1)} - \varepsilon^{(2)} - \varepsilon^{(3)} + \varepsilon^{(4)} \tag{19}$$

可见，在四臂全桥测量接线方法中，应变仪的读数应变为4工作应变片上构件变形应变的代数和。

当测量电桥相对两臂接工作应变片，另相对两臂接温度补偿应变片，即采用对臂全桥测量接线方法时（附图1-5），设工作应变片 R_1 和 R_4 由于构件变形引起的应变分别为 $\varepsilon^{(1)}$ 和

$\varepsilon^{(4)}$，在同一工作环境下，工作应变片（R_1 和 R_4）和温度补偿应变片（R_2 和 R_3）由于温度引起的应变均为 ε_t，则

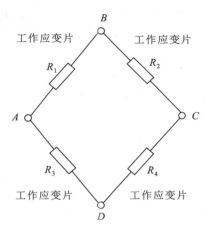

附图 1-4　四臂全桥测量

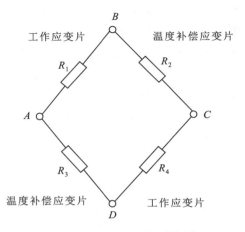

附图 1-5　对臂全桥测量

$$\varepsilon_1 = \varepsilon^{(1)} + \varepsilon_t, \quad \varepsilon_2 = \varepsilon_t, \quad \varepsilon_3 = \varepsilon_t, \quad \varepsilon_4 = \varepsilon^{(4)} + \varepsilon_t$$

根据式（15），得应变仪的读数应变为

$$\varepsilon_d = \varepsilon^{(1)} + \varepsilon^{(4)} \tag{20}$$

可见，在对臂全桥测量接线方法中，应变仪的读数应变为两工作应变片上构件变形应变的代数和。

四、测量电桥的应用

1. 拉伸应力的测量

受拉构件的轴向应力可以利用半桥接线法测定，有两种方案，即单臂半桥测量和双臂半桥测量。

当采用单臂半桥测量接线方法时，在构件表面沿轴向粘贴工作应变片 R_1，另外在补偿块上粘贴温度补偿应变片 R_2 [附图 1-6（a）]。这时，工作应变片 R_1 存在由于拉伸荷载引起构件变形的拉伸应变 ε_F 和由于温度引起的应变 ε_t。而温度补偿应变片 R_2 只有由于温度引起的应变 ε_t。则

$$\varepsilon_1 = \varepsilon_F + \varepsilon_t, \quad \varepsilon_2 = \varepsilon_t$$

按照附图 1-3 接成半桥线路，进行单臂半桥测量，则应变仪的读数应变为

$$\varepsilon_d = \varepsilon_F$$

杆件的拉伸应力为

$$\sigma = E\varepsilon_F = E\varepsilon_d$$

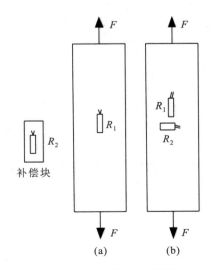

附图 1-6　拉伸应力的测量

可见，这样接线和布片可以测出荷载 F 作用下引起的拉伸应变，并利用补偿块补偿法消除了温度的影响。

当采用双臂半桥测量接线方法时，在构件表面沿轴向和横向分别粘贴工作应变片 R_1 和 R_2［附图 1-6（b）］。这时，工作应变片 R_1 存在拉伸应变 ε_F 和温度应变 ε_t，而工作应变片 R_2 存在横向应变 $-\mu\varepsilon_F$ 和温度应变 ε_t。则

$$\varepsilon_1 = \varepsilon_F + \varepsilon_t \quad \varepsilon_2 = -\mu\varepsilon_F + \varepsilon_t$$

按照附图 1-2 接成半桥线路，进行双臂半桥测量，则应变仪的读数应变为

$$\varepsilon_d = \varepsilon_1 - \varepsilon_2 = (1+\mu)\varepsilon_F$$

因此，杆件的拉伸应变为

$$\varepsilon_F = \frac{\varepsilon_d}{1+\mu}$$

杆件的拉伸应力为

$$\sigma = E\varepsilon_F = \frac{E\varepsilon_d}{1+\mu}$$

可见，这样接线和布片可以测出荷载 F 作用下引起的拉伸应变，并利用工作应变片补偿法消除了温度的影响。而且，双臂半桥测量还使读数应变增大了 $(1+\mu)$ 倍，提高了测量的灵敏度。

2. 扭转切应力的测量

根据材料力学知识，圆轴扭转时，表面各点均为纯剪切应力状态，在与轴线分别成 45°方向的面上，有最大拉应力 σ_1 和最大压应力 σ_3，且 $\sigma_1 = -\sigma_3 = \tau$，其主应力大小和方向如附图 1-7（b）所示。

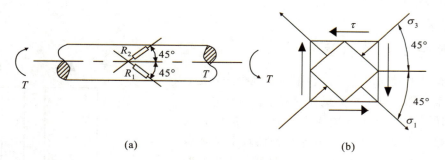

附图 1-7　扭转切应力的测量

根据平面应力状态的广义虎克定律

$$\varepsilon_1 = \frac{1}{E}(\sigma_1 - \mu\sigma_3) = \frac{(1+\mu)}{E}\tau = \varepsilon_T$$

$$\varepsilon_3 = \frac{1}{E}(\sigma_3 - \mu\sigma_1) = -\frac{(1+\mu)}{E}\tau = -\varepsilon_T$$

可见，在 σ_1 作用方向有最大拉应变 ε_T，而在 σ_3 作用方向有最大压应变 $-\varepsilon_T$，它们的绝对值相等。

在构件表面沿与轴向成 $-45°$ 方向和 45°方向分别粘贴工作应变片 R_1 和 R_2［（附图 1-7

(a)],此时,工作应变片 R_1 存在拉伸应变 ε_F 和温度应变 ε_t,而工作应变片 R_2 存在横向应变 $-\mu\varepsilon_F$ 和温度应变 ε_t。则

$$\varepsilon_1 = \varepsilon_T + \varepsilon_t \quad \varepsilon_2 = -\varepsilon_T + \varepsilon_t$$

按照附图 1-2 接成半桥线路,进行双臂半桥测量,则应变仪的读数应变为

$$\varepsilon_d = \varepsilon_1 - \varepsilon_2 = 2\varepsilon_T$$

因此,双臂半桥测量的读数应变是被测应变的两倍,提高了测量的灵敏度。扭转构件的切应力为

$$\tau = \frac{E}{1+\mu}\varepsilon_T = \frac{E\varepsilon_d}{2(1+\mu)} = G\varepsilon_d$$

3. 弯曲正应力的测量

根据材料力学知识,悬臂梁弯曲时,同一截面的上、下表面的点均为单向应力状态,应变绝对值相等,上表面为拉应变 ε_M,下表面为压应变 $-\varepsilon_M$。

在构件上、下表面沿轴向各粘贴一个工作应变片 R_1 和 R_2,如附图 1-8 所示。此时,工作应变片 R_1 和 R_2 的应变分别为

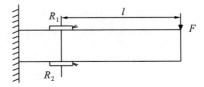

附图 1-8 弯曲正应力的测量

$$\varepsilon_1 = \varepsilon_M + \varepsilon_t \quad \varepsilon_2 = -\varepsilon_M + \varepsilon_t$$

按照附图 1-2 接成半桥线路,进行双臂半桥测量,则应变仪的读数应变为

$$\varepsilon_d = \varepsilon_1 - \varepsilon_2 = 2\varepsilon_M$$

可见,应变仪的读数应变是梁弯曲应变的两倍,提高了测量的灵敏度。贴片处的弯曲正应力为

$$\sigma = E\varepsilon_M = \frac{E\varepsilon_d}{2}$$

4. 弯曲切应力的测量

根据材料力学知识,悬臂梁弯曲时,在梁的中性层上的点均为纯剪切应力状态。设弯曲切应力为 τ_M,在与轴线分别成 $-45°$ 方向和 $45°$ 方向的面上,有最大拉应力 σ_1 和最大压应力 σ_3,且 $\sigma_1 = -\sigma_3 = \tau_M$,如附图 1-7(b)所示。类似圆轴扭转切应力的测量,在中性层位置沿与轴向成 $-45°$ 方向和 $45°$ 方向分别粘贴工作应变片 R_1 和 R_2,如附图 1-9 所示。按照附图 1-2 接成半桥线路,进行双臂半桥测量,则弯曲构件的切应力为

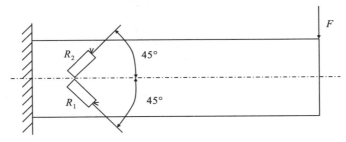

附图 1-9 弯曲切应力的测量

$$\tau_M = \frac{E\varepsilon_d}{2(1+\mu)} = G\varepsilon_d$$

5. 弯扭组合变形中扭转切应力的测量

根据材料力学知识，圆轴在弯扭组合变形时，中性轴上只有切应力，没有弯曲正应力，呈纯剪切应力状态。在构件表面前后中性轴上 a、b 两点分别沿与轴线成 $-45°$ 方向和 $45°$ 方向分别粘贴工作应变片 R_1 和 R_2、R_3 和 R_4，如附图 1-10（a）、（b）所示，并按附图 1-4 接成四臂全桥测量线路。

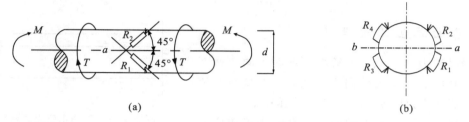

附图 1-10　弯扭组合变形时的扭转切应力测量

设扭矩在被测点 $45°$ 方向上引起的应变绝对值为 ε_T，则各应变片的应变分别为

$$\varepsilon_1 = \varepsilon_T + \varepsilon_t,\ \varepsilon_2 = -\varepsilon_T + \varepsilon_t,\ \varepsilon_3 = -\varepsilon_T + \varepsilon_t,\ \varepsilon_4 = \varepsilon_T + \varepsilon_t$$

按照四臂全桥测量，则应变仪的读数应变为

$$\varepsilon_d = \varepsilon_1 - \varepsilon_2 - \varepsilon_3 + \varepsilon_4 = 4\varepsilon_T$$

因此，圆轴构件的扭转切应力为

$$\tau = \frac{E}{1+\mu}\varepsilon_T = \frac{G}{2}\varepsilon_d$$

从以上分析可见，不同的组桥接线方式所得的读数应变是不同的，在实际应用时应根据具体情况和要求灵活应用。

附录二　拉伸实验报告

日期_____班级_____学号_____姓名_____成绩_____指导教师_____

一、实验目的

二、实验设备

1. 试验机：型号及名称_____使用量程_____
2. 量　具：型号及名称_____精　　度_____

三、实验记录及计算

1. 试件尺寸

材料	标距 l_0（mm）	直径 d（mm）						最小横截面面积 A_0（mm^2）
		截面Ⅰ		截面Ⅱ		截面Ⅲ		
低碳钢			平均		平均		平均	
铸铁			平均		平均		平均	

材料	屈服载荷 P_s（N）	最大载荷 P_b（N）	断后标距 l_1（mm）	颈缩处直径 d_1（mm）	最小横截面面积 A_1（mm^2）
低碳钢					
铸铁					

2. 计算结果

材料	屈服强度 $\sigma_s = \dfrac{P_s}{A_0}$ (MPa)	抗拉强度 $\sigma_b = \dfrac{P_b}{A_0}$ (MPa)	断后伸长率 $\delta = \dfrac{l_1 - l_0}{l_0} \times 100\%$	断面收缩率 $\psi = \dfrac{A_0 - A_1}{A_0} \times 100\%$
低碳钢				
铸铁				

3. 拉伸图

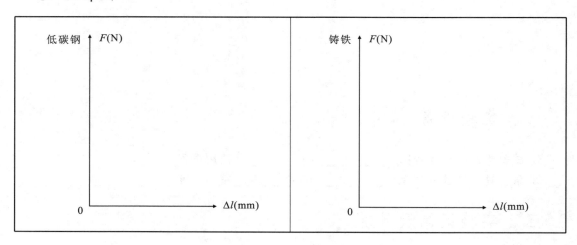

四、试件破坏前后形状图

材料	拉伸破坏前	拉伸破坏后
低碳钢		
铸铁		

五、实验思考

附录三 压缩实验报告

日期_____ 班级_____ 学号_____ 姓名_____ 成绩_____ 指导教师_____

一、实验目的

二、实验设备

1. 试验机：型号及名称_____ 使用量程_____
2. 量　具：型号及名称_____ 精　　度_____

三、实验记录及计算

1. 试件尺寸

材料	直径 d（mm）			横截面面积 A（mm²）
	1	2	平均	
低碳钢				
铸铁				

2. 测 σ_s、σ_b 及计算结果

低碳钢屈服载荷 $P_s=$　　　（N）	铸铁最大载荷 $P_b=$　　　（N）
低碳钢屈服极限 $\sigma_s=\dfrac{P_s}{A_0}=$　　　（MPa）	铸铁最大极限 $\sigma_b=\dfrac{P_b}{A_0}=$　　　（MPa）

四、试件破坏前后形状图

材料	压缩破坏前	压缩破坏后
低碳钢		
铸铁		

五、实验思考

附录四　扭转实验报告

日期_____　班级_____　学号_____　姓名_____　成绩_____　指导教师_____

一、实验目的

二、实验设备

1. 试验机：型号及名称_____使用量程_____
2. 量　具：型号及名称_____精　　度_____

三、实验记录及计算

1. 试件尺寸

材料	标距 l_0（mm）	直径 d（mm）			扭转截面系数 W_p（mm³）
		截面Ⅰ	截面Ⅱ	截面Ⅲ	
低碳钢					
铸铁					

2. 实验数据记录

材料	屈服扭矩 M_s（N·m）	最大扭矩 M_b（N·m）	屈服时扭转角 φ_s（°）	破坏时扭转角 φ_b（°）
低碳钢				
铸铁				

3. 计算结果

材料	屈服极限 $\tau_s = \dfrac{M_s}{W_p}$ (MPa)	强度极限 $\tau_b = \dfrac{M_b}{W_p}$ (MPa)
低碳钢		
铸铁		

4. 扭转图

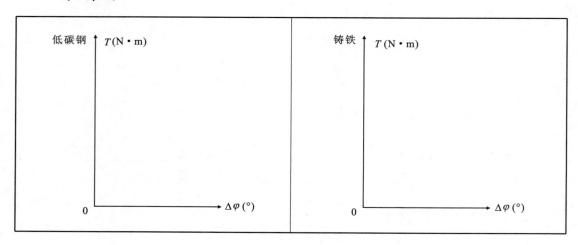

四、试件破坏前后形状图

材料	扭转破坏前	扭转破坏后
低碳钢		
铸铁		

五、实验思考

附录五 梁弯曲正应力实验报告

日期_____ 班级_____ 学号_____ 姓名_____ 成绩_____ 指导教师_____

一、实验目的

二、实验设备

1. 试验机：型号及名称_____ 使用量程_____
2. 量　具：型号及名称_____ 精　　度_____

三、实验记录及计算

1. 试件尺寸

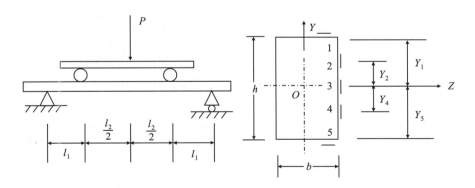

作用位置标距 l_1（mm）	作用位置标距 l_2（mm）	截面宽度 b（mm）	截面高度 h（mm）	弹性模量 E（MPa）	电阻片灵敏系数 $K_片$	静态应变仪灵敏系数 $K_仪$

2. 实验数据记录及计算结果

测点号	1	2	3	4	5
应变读数 $\varepsilon_{读}$（$\mu\varepsilon$）					
平均值 $\varepsilon_{平}$（$\mu\varepsilon$）					
实测值 $\varepsilon_{测}=\dfrac{K_{仪}}{K_{片}}\varepsilon_{平}$					
实测值（MPa） $\sigma_{测}=E\varepsilon_{测}$					
理论值（MPa） $\sigma_{理}=\dfrac{My}{I}$					
误差百分率 $\dfrac{|\sigma_{理}-\sigma_{测}|}{\sigma_{理}}\times100\%$					

四、应力分布曲线比较图

理论曲线	实验曲线
h(mm) 轴与 σ(MPa) 轴，原点 0	h(mm) 轴与 σ(MPa) 轴，原点 0

五、实验思考

附录六 弯扭组合变形实验报告

日期_____ 班级_____ 学号_____ 姓名_____ 成绩_____ 指导教师_____

一、实验目的

二、实验设备

1. 试验机：型号及名称_____ 使用量程_____
2. 量　具：型号及名称_____ 精　　度_____

三、实验记录及计算

1. 实验参数

圆管平均直径 D（mm）	圆管壁厚 t（mm）	测试截面位置 L（mm）	扇臂半径 R（mm）	弹性模量 E（GPa）	泊松比 μ

2. 实验数据记录

A 点					
$-45°$（R_1）		$0°$（R_2）		$45°$（R_3）	
ε（10^{-6}）	$\Delta\varepsilon$（10^{-6}）	ε（10^{-6}）	$\Delta\varepsilon$（10^{-6}）	ε（10^{-6}）	$\Delta\varepsilon$（10^{-6}）

B 点					
−45° (R_4)		0° (R_5)		45° (R_6)	
ε (10^{-6})	$\Delta\varepsilon$ (10^{-6})	ε (10^{-6})	$\Delta\varepsilon$ (10^{-6})	ε (10^{-6})	$\Delta\varepsilon$ (10^{-6})
C 点					
−45° (R_7)		0° (R_8)		45° (R_9)	
ε (10^{-6})	$\Delta\varepsilon$ (10^{-6})	ε (10^{-6})	$\Delta\varepsilon$ (10^{-6})	ε (10^{-6})	$\Delta\varepsilon$ (10^{-6})
D 点					
−45° (R_{10})		0° (R_{11})		45° (R_{12})	
ε (10^{-6})	$\Delta\varepsilon$ (10^{-6})	ε (10^{-6})	$\Delta\varepsilon$ (10^{-6})	ε (10^{-6})	$\Delta\varepsilon$ (10^{-6})

荷载 F		弯矩 M		扭矩 T		剪力 F_s	
F (N)	ΔF (N)	ε_M (10^{-6})	$\Delta\varepsilon_M$ (10^{-6})	ε_T (10^{-6})	$\Delta\varepsilon_T$ (10^{-6})	ε_{F_s} (10^{-6})	$\Delta\varepsilon_{F_s}$ (10^{-6})

3. 实验计算

主应力大小

$$\begin{matrix}\sigma_1\\\sigma_3\end{matrix} = \frac{E}{1-\mu^2}\left[\frac{1+\mu}{2}(\varepsilon_{-45}+\varepsilon_{45}) \pm \frac{1-\mu}{\sqrt{2}}\sqrt{(\varepsilon_{-45}-\varepsilon_0)^2+(\varepsilon_0-\varepsilon_{45})^2}\right]$$

主应力方向

$$\tan 2\alpha = \frac{\varepsilon_{45}-\varepsilon_{-45}}{(\varepsilon_0-\varepsilon_{-45})-(\varepsilon_{45}-\varepsilon_0)}$$

弯矩 M 引起的正应力

$$\sigma_M = E\varepsilon_M = \frac{E\varepsilon_{Md}}{2}$$

剪力 F_s 引起的切应力

$$\tau_{F_s} = \frac{E\varepsilon_{F_s d}}{4(1+\mu)} = \frac{G\varepsilon_{F_s d}}{2}$$

扭矩 T 引起的切应力

$$\tau_T = \frac{E\varepsilon_{Td}}{4(1+\mu)} = \frac{G\varepsilon_{Td}}{2}$$

四、理论值与实验值比较

主应力大小和方向

比较内容	理论值				实验值				误差			
测点	A	B	C	D	A	B	C	D	A	B	C	D
σ_1												
σ_3												
α_0												

弯矩 M 引起的正应力

弯矩 M	理论值	实验值	误差
测点			

剪力 F_s 引起的切应力

剪力 F_s	理论值	实验值	误差
测点			

扭矩 T 引起的切应力

扭矩 T	理论值	实验值	误差
测点			

五、实验思考

附录七　压杆稳定实验报告

日期_____　班级_____　学号_____　姓名_____　成绩_____　指导教师_____

一、实验目的

二、实验设备

1. 试验机：型号及名称_____　使用量程_____
2. 量　具：型号及名称_____　精　　度_____

三、实验记录及计算

1. 实验参数

压杆截面（mm）	压杆长度（mm）	应变片灵敏系数	应变片粘贴位置	弹性模量 E（GPa）

2. 实验数据记录结果

荷载 F		读数应变（两端铰支）		读数应变（一端铰支、一端固支）	
F（N）	ΔF（N）	ε_d（10^{-6}）	$\Delta\varepsilon_d$（10^{-6}）	ε_d（10^{-6}）	$\Delta\varepsilon_d$（10^{-6}）

临界压力 F_{cr}	理论值	实验值	误差
两端铰支			
一端铰支、一端固支			

四、绘制 $F-\varepsilon_d$ 图

两端铰支	一端铰支、一端固支

五、实验思考

附录八　光弹性实验报告

日期_____　班级_____　学号_____　姓名_____　成绩_____　指导教师_____

一、实验目的

二、试验设备

1. 试验机：型号及名称_____　使用量程_____
2. 量　具：型号及名称_____　精　　度_____

三、实验记录及计算

1. 圆盘实验数据记录结果

圆盘直径 D（mm）	圆盘厚度 t（mm）	荷载 F（N）	条纹级数 n	材料条纹值 $f=\dfrac{8F}{\pi Dn}$（kN/m 级）	圆盘中心应力 $\sigma=\dfrac{8F}{\pi Dt}$（MPa）

2. 纯弯曲梁实验数据记录结果

梁高度 h（mm）	梁厚度 t（mm）	荷载 F（N）	弯矩 $M=\dfrac{Fl_1}{2}$ （N·m）	条纹级数 n	材料条纹值 $f=\dfrac{6M}{nh^2}\left(\dfrac{H_0}{H}\right)$（kN/m 级）	圆盘中心应力 $\sigma=\dfrac{6M}{th^2}\left(\dfrac{H_0}{H}\right)$（MPa）

四、等差线示意图

受压圆盘等差线示意图	纯弯曲梁等差线示意图

五、实验思考